LES

HUILES MINÉRALES.

LES
HUILES MINÉRALES

CONFÉRENCE

Faite à Auxerre, le 25 mai 1868,

PAR F. GUINAULT,

Officier d'Académie, Agrégé des Sciences physiques appliquées, Professeur de Physique et de Chimie au Collége d'Auxerre, Membre de l'Association scientifique de France, de la Société des Sciences historiques et naturelles l'Yonne, etc.

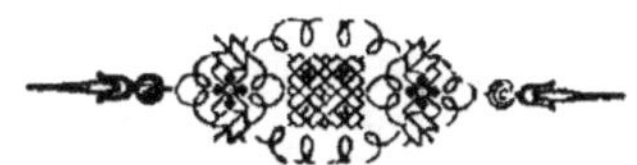

AUXERRE,

IMPRIMERIE, LIBRAIRIE ET LITHOGRAPHIE CH. GALLOT.

1868.

HUILES MINÉRALES.

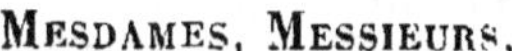

Mesdames, Messieurs,

Vers la fin de janvier dernier, M. le Ministre de l'Agriculture, du Commerce et des Travaux publics adressait à MM. les Préfets une circulaire dont je crois devoir vous donner lecture pour bien établir l'origine et le but spécial de cette conférence isolée.

Paris, le 15 janvier 1868.

Monsieur le Préfet, des sinistres d'incendie récemment occasionnés par les huiles de pétrole ont amené l'Administration à rechercher si les dispositions du décret du 18 avril 1866, portant réglementation des fabriques et dépôts d'huiles minérales et autres hydrocarbures, étaient réellement suffisantes pour prévenir de pareils événements, ou s'il conviendrait de modifier ce décret, en lui substituant des prescriptions plus efficaces.

Le Comité consultatif des arts et manufactures, à l'examen duquel j'ai soumis l'étude de cette question, n'a pas pensé qu'il y eût lieu de réviser le décret du 18 avril 1866; mais il a émis l'avis qu'il importerait de prendre des mesures propres à faire connaître et bien comprendre toutes les dispositions qu'il renferme, par les propriétaires de dépôts d'huiles de pétrole, et à en surveiller l'exécution aussi bien que possible, en y apportant toutefois les ménagements conseillés par la circulaire ministérielle du 20 octobre 1866.

A cet effet, le Comité a reconnu qu'il serait utile que les préfets, chaque fois qu'ils reçoivent une déclaration en établissement d'un dépôt d'huile de pétrole ou autres hydrocarbures, conformément à l'art. 3 et à l'art. 4 du décret réglementaire du 18 avril, envoyassent, à la fois, au maire de la commune et au déclarant lui-même, un avis imprimé qui renfermerait le texte *in extenso* des art. 5, 6 et 7 du décret, et dans lequel l'attention serait appelée sur les dangers auxquels donne lieu l'inexécution des conditions et mesures de précaution contenues dans l'art. 5 et sur la nécessité de s'y conformer, à défaut de quoi l'établissement serait fermé sur l'injonction de l'autorité administrative, sans préjudice des peines encourues pour contravention aux réglements de police, ainsi qu'il est dit à l'art. 6 du décret.

Les mesures conseillées par le Comité me paraissent trop salutaires pour que j'hésite à vous en recommander l'adoption. Je ne saurais trop vous recommander aussi, monsieur le Préfet, de veiller avec la plus grande sollicitude à ce que les conditions et les dispositions du décret soient observées par les exploitants.

Le Comité consultatif des arts et manufactures émet, en outre, le vœu qu'il conviendrait, dans l'intérêt de la sécurité et de l'hygiéne publique, de provoquer des *conférences spéciales* de nature à prémunir contre les funestes accidents que peuvent occasionner l'usage et le maniement des substances de ce genre, et qui auraient pour but de bien faire connaitre, par exemple, la grande différence existant entre les matières susceptibles de produire des vapeurs inflammables et celles qui n'en donnent pas; de préciser le degré de chaleur et les conditions dans lesquelles l'inflammabilité peut se produire; de distinguer, en un mot, les matières dont le maniement et l'emploi exigent telles précautions, telle nature de vases, tels modes de transport ou de dépôt, tels moyens de surveillance, etc. L'utilité de ces conférences, soit au point de vue scientifique ou pratique, soit au point de vue de l'économie domestique, ne saurait être méconnue, et je verrais avec plaisir, monsieur le Préfet, que vous puissiez en provoquer l'adoption dans votre département. Je laisse à votre sollicitude éclairée le soin d'apprécier s'il vous serait possible de satisfaire à ce vœu du Comité. Je vous serai obligé, monsieur le Préfet, de m'accuser réception de la présente circulaire.

Recevez, monsieur le Préfet, etc.

Le Ministre de l'Agriculture, du Commerce
et des Travaux publics,

Signé : **DE FORCADE.**

M. le Préfet de l'Yonne désirant répondre le plus promptement possible aux excellentes intentions de M. le Ministre, et jugeant l'opportunité d'autant plus grande que notre département et notre ville avaient malheureusement vu se produire depuis quelque temps plusieurs des accidents mentionnés dans la circulaire, voulut bien me demander si je ne pourrais pas donner sur les *huiles de pétrole* et autres matières inflammables une conférence pratique dans laquelle les causes d'incendie et les moyens de les éviter seraient tout particulièrement indiqués.

Le sujet, Messieurs, n'était pas sans offrir de sérieuses difficultés : car, encore aujourd'hui, ces liquides sont assez peu connus dans leur constitution intime et les diverses applications dont ils sont susceptibles.

Cependant je ne pensai pas, après y avoir mûrement réfléchi, qu'il me fût possible de décliner l'honneur que voulait bien me faire M. le Préfet. Je me mis donc immédiatement à l'œuvre, malgré mes nombreuses occupations, malgré la saison avancée : je fouillai les revues et les comptes-rendus scientifiques, je consultai les praticiens, je visitai les ateliers des constructeurs et les laboratoires des chimistes. Je pus ainsi préparer, pour vous la soumettre, Messieurs, pensant bien que votre concours ne me ferait pas défaut, même au 25 mai, une étude sinon complète, au moins pratique, et, je l'espère, utile, sur le sujet indiqué par le Comité consultatif des arts et manufactures.

Ce sera donc dans un but tout spécialement utilitaire que je vous demanderai, Messieurs, d'écouter avec votre bienveillance

ordinaire, cette conférence sur les huiles de pétrole et autres liquides de la même catégorie.

Nous étudierons d'abord l'origine et les diverses variétés de
ces liquides connus sous des noms si différents.

Nous indiquerons les usages auxquels on les emploie et ceux
que l'avenir leur réserve.

Nous chercherons les causes de ces accidents nombreux, ter-
ribles parfois, qui ont failli faire rejeter l'emploi de ces précieux
combustibles peu de temps après leur apparition, et qui ont si
justement appelé la sollicitude de l'administration.

Enfin, nous dirons les moyens recommandés par la pratique ou
indiqués par la science pour conjurer ces dangers.

Inutile de vous rassurer d'avance, Mesdames, contre des craintes exagérées que vous ne ressentez point. Votre présence ici le
prouve suffisamment : vous avez pensé, et je vous en remercie,
que celui qui avait pu vous faire étudier le phosphore sans vous
incendier, saurait bien vous montrer les dangers de l'emploi de
l'huile de pétrole sans vous les faire courir. Sur le chapitre des
dangers à courir seulement, la théorie suffit, la pratique ne saurait être de mise : je ferai en sorte de ne pas tromper votre at-
tente !

I

Les *huiles de pétrole* ne sont qu'une des variétés des nombreux
liquides connus sous le nom général d'*huiles minérales,* c'est-à-
dire, huiles extraites de la terre ou tout du moins des substances non organisées. Il y a trois origines différentes pour les
huiles minérales.

Les unes, peu abondantes, sourdent naturellement à la surface
du sol ;

Les autres se trouvent à une certaine profondeur et ne peuvent
être extraites qu'à l'aide de sondages, comme l'eau de nos puits ;

D'autres, enfin, s'extraient des matières minérales, combustibles ou non, par voie de distillation.

Les deux premières espèces existent donc toutes formées dans
le sein de la terre ; ce sont elles qui portent plus particulière-

ment le nom d'huiles de pétrole, ou simplement de Pétroles, c'est-à-dire huiles de pierre, parce qu'en effet, souvent c'est du sein même des roches qu'elles suintent naturellement ou qu'on les fait jaillir.

Les sources les plus abondantes de pétrole sont d'abord celles de l'empire de Birman qui fournissent chaque année plus de 100 millions de litres d'un liquide verdâtre, à odeur âcre, connu sous les noms de *Rangoon-tar* ou *bitume de Rangoon* et de *Burmese naphta* ou *naphte de Birmanie*. Ces produits, pour une raison que je vous dirai tout-à-l'heure, sont presqu'exclusivement employés par les fabriques de bougies stéariques de la Compagnie des bougies de prix, à Londres et à Liverpool.

Puis viennent les sources du lac de Seneca et du Kentucky dont la découverte date de 1830; celles du Canada et de l'île de la Trinité où se trouve un lac de bitume contenant plus de 13 millions d'hectolitres d'huile minérale; celles de Pensylvanie qui ne datent que de 1859 et qui en peu d'années ont complétement changé le pays traversé par l'Oil-Creek ou rivière de l'huile; dès 1860 on comptait dans ce dernier pays plus de 1,000 puits dont certains produisaient alors près de 2,000 hectolitres d'huile brute, non pas par an, mais par jour.

Les circonstances dans lesquelles furent mises à jour ces immenses nappes souterraines de pétrole sont assez originales pour que je n'hésite pas à vous les raconter :

Vers 1830, un propriétaire de Burksville, dans le Kentucky, faisait creuser un puits pour chercher de l'eau salée. A soixante mètres de profondeur, la sonde rencontra, sous une couche de roc solide, une nappe jaillissante, dont un jet s'éleva à près de quatre mètres au-dessus du sol. Mais ce n'était point, comme on s'y attendait, de l'eau salée, c'était une *huile inflammable*. Dès les premiers moments, l'écoulement fut très-abondant; le liquide se déversa dans la rivière Cumberland, où il surnagea à la surface de l'eau. Quelques badauds s'amusèrent à y mettre le feu, et l'on vit alors une mer de flammes s'agiter sur la rivière et embraser les arbres qui couvraient ses bords.

Dans le courant de l'été 1859, un fermier des environs de Meadville avait entrepris le forage d'un puits artésien : à vingt mètres de profondeur, il rencontra, au lieu d'eau, un liquide abondant, qu'il reconnut pour du pétrole. D'autres puits furent creusés à côté du premier, avec le même succès. Les curieux affluèrent chez le fermier Drake, et bientôt on organisa une exploitation en grand. Dans plusieurs occasions, le jet d'huile se montra si violent qu'il fallut employer les moyens les plus énergiques pour s'en rendre maître.

Les gisements des Etats-Unis couvrent une superficie d'environ 170,000 kil. carrés, répartis sur les territoires de huit états et principalement sur ou plutôt sous ceux de Pensylvanie, de Kentucky, de l'Ohio, de la Virginie.

Le pétrole se trouve encore abondamment au Texas, en Californie, dans l'Illinois, mais l'étendue de ces derniers dépôts est encore à déterminer ; vous vous ferez, Messieurs, une idée de leur importance quand vous saurez que plusieurs des puits creusés dans ces contrées fournissent jusqu'à 7,000 litres d'huile par vingt-quatre heures.

En 1861, l'importation du pétrole des Etats-Unis s'élevait à 3 millions de kilogrammes seulement ; elle atteignit 34 millions de kilogrammes en 1862 pour redescendre à 8 millions en 1863 : par suite, sans doute, du discrédit où de nombreux accidents avaient fait tomber le nouveau moyen d'éclairage, mais aussi à cause de la guerre qui paralysa le commerce à cette époque.

Le prix d'un litre d'huile brute était, en 1863, de 20 cent. en Amérique ; de 44 cent. en France ; le prix d'un litre d'huile épurée était de 30 cent. à New-York ; de 64 cent. en France. En 1864, l'huile brute valait chez nous 48 cent., l'huile épurée 71 cent. ; tout le monde sait que les prix n'ont fait que croître depuis cette époque et que le prix de l'huile épurée vendue actuellement sous le nom d'essence minérale s'est élevé jusqu'à 90 cent. et même 1 franc. La hausse est due évidemment au retour de la faveur du public, à qui on livre maintenant des produits moins dangereux, parce qu'ils sont mieux épurés ; mais elle ne durera pas, surtout si l'on s'occupe de rechercher et d'exploiter les sources que l'Europe possède.

On croit trop généralement, en effet, que l'Amérique seule renferme des sources de pétrole propres à l'exploitation ; tout fait présumer au contraire que des sondages intelligents feraient découvrir en Europe et en France même des sources abondantes qui nous affranchiraient du tribut que nous payons au Nouveau-Monde pour ce produit. — D'ailleurs cette assertion est appuyée sur des faits nombreux. — Dès 1608, on connaissait à Gabian (Hérault) une source d'huile minérale qu'on employait en médecine comme vermifuge et contre les engelures sous le nom d'huile de Gabian. — Des sources qui ne demandent peut-être qu'à être exploitées en grand se montrent dans les environs du Puy-de-Pège, où gisent des bitumes ; près de Forcalquier, où se rencontrent des schistes assez riches en acide phénique ; près de Seyssel, dans la vallée du Rhône, d'où l'on tire l'asphalte des trottoirs de Paris. Il y en a auprès du Jura, sur son versant oriental. — Il doit en exister dans l'Allier, qui renferme des gisements considérables de schiste, si toutefois l'huile qui en découle naturellement ne s'infiltre pas entre des couches rocheuses ou argileuses qui la conduisent plus loin. — Enfin, tout le sol volcanique de l'Auvergne doit être imbibé d'huile minérale. De plus, dès 1838, M. Degousée découvrit à Schawbviller en Alsace des sources de pétrole qui sont actuellement exploitées et donnent d'excellents produits de diverse nature.

On sait encore qu'il existe des sources naturelles d'huile minérale, en Angleterre, dans le Derbyshire ; en Suède, au pied de ses montagnes méridionales ; en Italie, sur les deux versants des Apennins, dans les Deux-Siciles, dans la Toscane et dans l'ancien duché de Parme. Il y en a dans les États qui sont traversés ou bornés par les ramifications des Alpes et des Carpathes ; dans les différentes parties de l'Allemagne, en Autriche, en Bavière, dans le Hanovre, en Bohême, en Hongrie, en Gallicie, dont les sources ont fourni, en 1866, plus de 600,000 quintaux d'huile ; dans les Principautés danubiennes, où on emploie depuis longtemps déjà le pétrole à l'éclairage public ; dans l'Archipel Ionien, et principalement dans l'île de Zante, où les naphtes étaient déjà connues du temps d'Hérodote ; en Russie, sur le versant occidental des Monts-Ourals, et plus particulièrement encore dans le Caucase et sur les bords de la mer Caspienne (deux exploitations russes ont fourni en un an 200,000 litres d'huile brute) ; dans l'Asie mineure, et notamment dans la Syrie, où la mer Morte, appelée encore Lac asphaltique, doit son nom à une couche épaisse d'asphalte, formée à sa surface par l'évaporation des liquides huileux et volatils qu'y déversent constamment des sources nombreuses et abondantes; en Perse, où des huiles minérales enflammées accidentellement à leur sortie du sol ont continué à brûler pendant des siècles et sont devenues pour les disciples de Zoroastre un sujet de culte et d'adoration.

Il suffirait donc de vouloir pour faire jaillir sur le sol de l'Ancien-Monde et de notre France, en particulier, des puits aussi nombreux et aussi féconds que ceux qu'on exploite si avantageusement au Nouveau-Monde depuis un quart de siècle seulement.

Quelle peut être l'origine de ces produits liquides inflammables qui se trouvent en si grande abondance dans les profondeurs de la terre sur les deux continents ? Pendant longtemps, et jusqu'à ces dernières années, on les a considérés comme résultant de la décomposition des végétaux de la période houillière. En certaines contrées, en Europe surtout, les grandes forêts de conifères qui couvraient le globe primitif ont fourni le produit connu sous le nom de houille ou de charbon de terre; en d'autres contrées, en Amérique, par exemple, ces mêmes végétaux auraient fourni plus spécialement des liquides bitumineux, des pétroles et des naphtes. De nouvelles recherches géologiques et une étude plus approfondie des divers gisements de ces huiles semblen devoir renverser cette théorie si simple en apparence. Ce n'est point ici le lieu de discuter cette question d'origine des pétroles ; et d'ailleurs, je craindrais, en l'abordant, d'empiéter maladroitement sur un terrain que se propose d'explorer en détail l'hiver prochain un de mes collègues les Conférenciers dont la science et le talent vous sont, Messieurs, bien connus.

Quoiqu'il en soit de la véritable origine des huiles minérales, ces huiles ont la même composition que les liquides, inflammables comme elles, qu'on retire de la distillation de la houille ou des autres dépôts schisteux de la même formation. Aussi sont-elles nombreuses les substances dont on peut extraire des huiles minérales par l'action de la chaleur : les plus riches sont les asphaltes, les bitumes, les argiles grasses, les schistes, les boghead-coal, les cannel-coal, etc., etc. Je ne vous fatiguerai pas, Messieurs, par une étude nécessairement incomplète de chacun de ces minéraux dont la plupart sont étrangers à notre sol ; tout ce que je pourrais vous en dire, se bornerait à l'énumération des quantités relatives de produits liquides et solides qu'ils peuvent fournir à la distillation. Je me contenterai d'insister sur les quelques dépôts qui, en France, sont actuellement l'objet d'une exploitation industrielle.

Il existe, aux environs d'Autun, des schistes bitumeux qui, distillés dans de spacieuses cornues de fonte ou de terre réfractaire, fournissent une huile brute très-colorée et infecte qu'on redistille une seconde fois en fractionnant les produits. La première partie distillée forme une huile propre à l'éclairage ; la seconde forme une huile plus épaisse qui, convenablement épurée, devient propre au graissage des machines ; la troisième sert à faire l'asphalte.

On exploite encore à Bechelbronn, en Alsace, des sables bitumeux qui donnent, par une première distillation, un produit brut plus riche en huile d'éclairage que les schistes d'Autun, et dont les produits rectifiés sont les mêmes qu'avec ces derniers.

Enfin, Messieurs, les comptes-rendus de l'Académie des Sciences nous font connaître qu'à deux pas de nous, dans notre département, à Vassy, près d'Avallon, doit se trouver une source d'huile minérale facile à exploiter. Voici, en effet, ce que je lis dans le n° 10 du tome LXVI, séance du 9 mars 1868 :

« M. Élie de Beaumont signale à l'attention de M. Henri « Sainte-Claire Deville, comme renfermant une quantité de « substance huileuse, susceptible d'être utilisée, la marne schis- « teuse noirâtre qui supporte à Vassy, près d'Avallon, la couche « exploitée comme ciment romain. Cette marne est connue des

« géologues sous le nom de marne à possidonies (1). Ses affleu-
« rements traversent la France entière depuis Flize, dans le dé-
« partement des Ardennes, jusque dans les départements des
« Alpes-Maritimes et du Gard ; on les retrouve aux environs de
« Grenoble, à la Fontaine-Brûlante, qui est comprise au nombre
« des sept merveilles du Dauphiné.

« La fontaine brûlante est un dégagement permanent de gaz
« combustible qui sort d'une fissure des marnes à possidonies
« et qu'on enflamme à volonté avec une allumette. Ce gaz ré-
« sulte très-probablement de la décomposition spontanée des
« substances combustibles que contiennent les marnes schis-
« teuses. »

Mais, Messieurs, ce ne sont pas seulement les argiles et les
sables bitumineux qui peuvent fournir des huiles minérales :
toutes les substances, combustibles ou non, dans lesquelles se
trouvent du charbon et de l'hydrogène combinés, peuvent servir

(1) La page 541 du second volume de l'*Explication de la Carte
géologique de France* contient une coupe du coteau de Vassy où
toutes les couches sont figurées et désignées de bas en haut par les
lettres A, B, C, D. On lit ce qui suit dans la description de cette
coupe :

. . . .

B. Marnes très-schisteuses et très-bitumineuses contenant jusqu'à
12 p. 0/0 de matières volatiles......

C. Ciment romain..... Les couches inférieures alternent avec les
dernières couches de marnes bitumineuses......

. . . .

Celles de ces marnes qui sont bitumineuses sont particulièrement
développées entre Avallon et L'Isle-sous-Montréal, près d'Etaules,
de Vassy, de Marsilly, de Genouilly, de Provency, de Sainte-Colombe,
entre Montréal et Angély, etc. Les variétés les plus bitumineuses de
ces marnes schisteuses étant soumises à une forte chaleur, brûlent
avec flamme, et cette propriété jointe à leur odeur bitumineuse et
aux veines assez abondantes de lignite qui les accompagnent, a donné
l'idée d'exécuter aux environs de Montréal des travaux de recherches,
dans l'espoir de trouver de la houille...... (Ces recherches de houille
n'eurent aucun résultat.)

à l'extraction de ces huiles, pourvu qu'elles soient traitées d'une manière appropriée à leur nature; tels sont les bois de toute essence, les houilles ou charbons naturels de toute qualité, la tourbe des marais, la poix et les résines, le goudron, l'asphalte et toutes les matières bitumineuses, les corps gras en général, et même beaucoup de résidus considérés comme sans valeur dans l'industrie, tels que l'eau savonneuse provenant du dégraissage des laines et des draps, etc.

De toutes ces substances on choisit naturellement pour les exploiter celles qui sont les plus abondantes, qui fournissent le plus d'huile relativement à leur poids, et qui peuvent être aux moindres frais extraites et purifiées. Mais on doit de plus tenir compte de certaines considérations de lieux, de distances et de frais accessoires pouvant faire préférer des matières premières qui, tout en étant moins abondantes et moins riches, arrivent à donner, dans des circonstances particulières, un résultat final plus avantageux au point de vue de l'exploitation.

II

Vous vous expliquerez facilement, Messieurs, d'après ce que je viens de vous dire de l'origine des huiles minérales, l'infinie variété de noms qu'on emploie pour désigner des liquides de provenance si diverse, mais de propriétés à peu près identiques, comme nous allons le reconnaître. Ainsi l'on dit chez nous, et je me bornerai aux noms français, *huile de goudron*, *huile de schiste*, *huile de tourbe*, *huile de bitume*, *huile de pétrole*, etc., noms qui se comprennent assez d'eux-mêmes, sans compter les noms de *luciline*, *saxoléine*, *stellantine*, *cazelline*, *gazoléine*, *huile végéto-minérale*, etc., qui ont été imaginés par des spéculateurs désireux de faire croire à l'existence de produits nouveaux, alors qu'ils n'offrent en réalité au public que des huiles de pétrole plus ou moins rectifiées et des huiles de charbon et de schiste.

Pour les chimistes, toutes ces huiles sont des *hydrocarbures*, ou mieux des *carbures d'hydrogène*, c'est-à-dire des composés d'hydrogène et de charbon : toutes ont des propriétés qui leur sont communes, comme par exemple, d'être volatiles, inflammables, odorantes, éclairantes, décomposables par la chaleur, etc., mais elles possèdent ces propriétés à des degrés différents, à tel point qu'une personne un peu habituée peut, à l'odeur seule, indiquer de suite l'origine d'une de ces huiles.

Une classification précise des huiles minérales de toute provenance est encore à créer ; les illustrations scientifiques de tous les pays s'en sont cependant occupés ; mais leurs travaux, plus théoriques que pratiques, ont abouti à des noms qui ne peuvent être compris que des savants et qui rappellent surtout la composition et les similitudes chimiques des produits. C'est ainsi que MM. Pelouze et Cahours, dans un grand travail exécuté en 1863, ont découvert dans les pétroles d'Amérique un composé qu'ils ont appelé *hydrure de caproylène*, susceptible de donner naissance à un nouvel alcool, *l'alcool caproylique*, lequel est venu fort heureusement combler une lacune regrettable dans la série de ces substances nombreuses connues en chimie organique sous le nom général d'alcools.

Ce qu'il faut au commerce et au public, c'est une nomenclature simple, plutôt vulgaire que technique, plus pratique que savante, qui rappelle sans effort les caractères généraux des composés désignés. Les dénominations trop génériques d'huiles de schiste, de charbon, de bitume, de pétrole sont insuffisantes car elles ne font connaître que la provenance du liquide et confondent sous un même nom des huiles très-différentes, par leur volatilité, par leur poids spécifique, par leur pouvoir éclairant, et par les usages auxquels elles peuvent servir. Les travaux des praticiens qui y ont donné leurs soins ont peu à peu établi et fait prévaloir une classification assez simple fondée surtout sur les points d'ébullition et la densité ; en voici les principaux termes :

Ethers minéraux, esprits minéraux, essences minérales :
Huiles légères, huiles lampantes, huiles lourdes ;
Huiles lubréfiantes, huiles mortes.
Les liquides de la première catégorie sont quelquefois dési-

gnés sous le nom commun d'huiles légères, mais seulement par ceux qui ne les emploient pas.

C'est par la distillation qu'on arrive à reconnaître et à séparer les divers liquides qui composent une huile brute quelle qu'en soit l'origine. Or, si les huiles de pétrole et les naphtes, sont connus et utilisés à des usages divers, de toute antiquité en certaines contrées, les huiles de houille proprement dites ou les huiles minérales artificielles sont au contraire d'origine toute récente ; quant à la purification des unes et des autres, elle ne date pour ainsi dire que d'hier. Aussi s'explique-t-on la lenteur avec laquelle ces liquides se sont introduits dans les usages de la vie, si l'on songe à l'odeur forte et désagréable qui accompagne les huiles brutes, et aux nombreux accidents qui ont signalé et signalent encore malheureusement leur emploi et leur maniement.

Ces accidents ont toujours pour cause l'imprudence de celui qui en est la victime, ou la mauvaise préparation de l'huile dont il se sert : je me propose précisément, Messieurs, de vous indiquer les moyens de vérification et de prudence qui vous permettront de les éviter complétement dans tous les cas.

Imaginez, pour comprendre le principe de la classification des huiles, que nous soumettions à la distillation dans un alambic : des schistes, des boghead-coals, du goudron, des houilles, des pétroles naturels, etc., etc., et que nous conduisions le feu avec précaution. Quelle que soit la substance soumise à l'action du feu, nous verrons, depuis la première application de la chaleur jusqu'à ce que la température ait atteint 400° environ, distiller (en même temps que des gaz incoërcibles, de la vapeur d'eau, des produits ammoniacaux, du gaz carbonique en quantités variables), des vapeurs d'huiles essentielles plus ou moins légères, plus ou moins faciles à condenser, plus ou moins inflammables, et qui, quoique provenant d'une même substance, ne peuvent point cependant être considérées comme formant un tout homogène. Au-dessus de 400° on n'obtient plus que des gaz non condensables par les procédés ordinaires. — Supposons qu'au lieu de recevoir dans un même récipient toutes les vapeurs condensables, nous isolions dans des récipients séparés les produits

3

distillés qui sortiront du réfrigérant chaque fois que la température s'élèvera de 5° ou de 10° ; nous obtiendrons ainsi une série de groupes déjà assez analogues mais non encore identiques, auxquels précisément nous appliquerons les noms indiqués ci-dessus et dont je vous indiquerai les propriétés principales et les usages divers. La densité, le point d'ébullition et le point d'inflammation sont les caractères les plus importants à considérer pour la spécification de ces groupes.

De tous ces groupes, les plus importants sont ceux qui portent le nom d'essences minérales et d'huiles lampantes ; car ce sont ceux qui, avec les précautions convenables, se prêtent le plus facilement à l'éclairage sans dégager ni mauvaise odeur ni fumée. Mais il s'en faut que les autres groupes soient indignes de notre attention : car ils peuvent être et sont déjà l'objet d'applications importantes, soit immédiatement, soit par les produits que l'industrie ou la science en tirent.

III

Les deux premiers groupes, les *éthers* et les *esprits minéraux*, sont ainsi nommés à cause de leurs analogies physiques avec l'éther sulfurique et les alcools ou esprits. Ils existent dans toutes les huiles brutes, mais sont en général peu abondants ; on trouve en effet, en moyenne, environ 2 0/0 d'éther et 3 0/0 d'esprit. La proportion dépend, vous le comprendrez sans peine, Messieurs, de la manière plus ou moins brusque dont la distillation première a été conduite, s'il s'agit de matières solides ayant donné naissance à l'huile brute, ou de la provenance et du mode de récolte et d'enfûtage de l'huile brute elle-même, s'il s'agit de pétroles natifs. Certaines huiles peuvent fournir par exception jusqu'à 5 0/0 d'éther et 10 0/0 d'esprit ; mais il ne faut pas compter sur un rendement ordinaire aussi fort même en prenant toutes les précautions pour n'en point perdre.

Les *éthers minéraux* commencent à distiller dès la première application de la chaleur ; on ne peut même les condenser qu'en fai-

sant passer les vapeurs dans un serpentin entouré de glace ou mieux
d'un mélange de glace et de sel marin. Ces liquides, en effet, entrent en ébullition au-dessous de 35 degrés (l'éther ordinaire bout
à 35 degrés). Ils sont extrêmement légers et ne pèsent jamais
plus de 645 grammes par litre. Ils sont extrêmement volatils ;
répandus sur la main, il se vaporisent rapidement en lui em-
pruntant, comme l'éther, une si grande quantité de calorique
que l'on éprouve un froid très-sensible et que le derme est en
partie décoloré et blanchi : versés même à la température de
0 degré dans une petite fiole ouverte et tenue à la main, ils entrent presqu'instantanément en ébullition et en quelques instants la fiole est mise à sec : les vapeurs en s'échappant forment
une atmosphère plus dense que l'air et parfaitement visible. Ils
sont excessivement inflammables ; ils peuvent prendre feu même
aux plus basses températures, non-seulement au contact, mais
même à distance (jusqu'à 10 mètres) d'un corps en ignition ; aussi
la distillation des huiles brutes doit-elle être entourée dans les
premiers instants des plus grandes précautions pour éviter les
incendies, et le maniement de ces éthers minéraux ainsi que leur
conservation exigent-ils des dispositions spéciales qui ne sont
pas autres, je me hâte de le dire d'ailleurs, que celles que depuis
longtemps la pratique a fait adopter pour l'éther ordinaire. Ils
brûlent avec une belle flamme assez éclairante, exempte d'odeur
et de fumée.

Ils dissolvent promptement les corps gras ; aussi les a-t-on
employés sous divers noms pour enlever les taches d'huile et de
graisse sur les étoffes ; ils sont pour cet usage tout aussi convenables et pas plus dangereux que la benzine, dont tout le
monde se sert et avec laquelle il n'arrive point d'accidents
parce qu'on l'emploie loin des corps en ignition.

Enfin, ils produisent sur l'homme qui les respire en proportion un peu forte des effets enivrants et anesthésiques très-
marqués ; aussi la médecine pourra-t-elle trouver dans ces
éthers minéraux comme dans l'éther ordinaire un puissant agent
de plus pour éviter aux patients les souffrances d'une opération
chirurgicale.

Les esprits minéraux se rapprochent singulièrement du groupe des éthers dont ils possèdent toutes les propriétés ; les seules différences qui les distinguent sont : un poids spécifique un peu plus fort. ils pèsent de 650 à 695 grammes par litre, au lieu de peser 600 à 645 grammes ; un point d'ébullition plus élevé, ils ne commencent à bouillir qu'à 35 degrés, et quelques-uns même à 70 degrés. Ces esprits, qui dissolvent les corps gras comme les éthers, sont même préférables à ces derniers pour enlever les taches sur une étoffe, par le frottement au moyen d'un tampon ; leur moindre volatilité leur permet mieux, en effet, de pénétrer plus intimement dans les pores du tissu.

Les esprits comme les éthers sont difficiles à conserver, aussi les distillateurs les ont-ils tout d'abord laissé perdre ; le meilleur moyen de les garder est de les dissoudre dans les groupes suivants jusqu'au moment où, par une distillation nouvelle et spéciale, on les isolera au fur et à mesure des besoins.

Or, Messieurs, les divers usages que je viens d'indiquer pour ces deux premières séries de produits légers des huiles minérales, sont impuissants à utiliser l'énorme quantité d'éthers et d'esprits que peut livrer à la consommation la distillation des millions de kilogrammes d'huiles brutes de toute provenance, employées par l'industrie et le commerce ; d'un autre côté, il est d'une indispensable nécessité, comme je vous le montrerai tout à l'heure, d'en priver les huiles qu'on destine à l'éclairage ou au chauffage. Qu'en faire donc ? Il faut leur ouvrir de nouveaux débouchés, il faut, par exemple, les employer à la photogénisation de l'air atmosphérique, c'est-à-dire à la transformation, à bas prix, de l'air ordinaire en gaz d'éclairage. Oui, Messieurs, par des procédés que je vous ferai connaître, il est possible d'éclairer au gaz, grâce aux éthers minéraux, des usines, des châteaux, et tous établissements isolés pour lesquels on ne peut songer à la construction d'une usine spéciale. L'essai n'en est plus à faire, il ne demande qu'à être vulgarisé.

Les essences minérales sont, comme les liquides des deux groupes précédents, limpides, transparentes ; elles sont plus abondantes que ces derniers dans les huiles brutes; on en trouve depuis 5 jusqu'à 15 p. 0/0 dans les pétroles; les boghead-coal sont, parmi les charbons, ceux qui en produisent le plus; la proportion qu'on en retire dépend surtout de la lenteur avec laquelle est conduite la distillation.

Leurs caractères distinctifs sont de peser de 700 à 745 grammes par litre, de bouillir seulement à 75 degrés ou au moins à 120 degrés, de s'enflammer toujours au-dessous de 40 degrés, mais pas aux températures inférieures à 0 degré. Les essences se rapprochent beaucoup des esprits, mais moins cependant que ces derniers ne se rapprochent des éthers; elles se dissolvent dans l'alcool, mais en sont précipitées par l'éther sulfurique. Elles sont souvent désignées sous le nom de *naphtes* ou d'*huiles de naphte*, et n'ont eu, au début, d'autre usage que de servir à conserver dans les laboratoires le potassium et le sodium. Elles servent en peinture, où elles peuvent, à condition d'être bien épurées, remplacer avantageusement la térébenthine ; les Américains les désignent même sous le nom de *térébenthine minérale*; mais il s'en faut que toutes les essences minérales soient également propres à la peinture ; celles de charbon, par exemple, sont préférables à celles de pétrole, parce qu'elles s'oxydent davantage et forment plus facilement cette pellicule résineuse qui fait toute la valeur de l'essence térébenthine (1). Les essences minérales peuvent servir à dissoudre et à mouler le caoutchouc, et on doit espérer que ces liquides trouveront là un débouché considérable ; peut-être n'a-t-on pas lieu d'espérer qu'en les substituant au sulfure de carbone on réalisera une notable économie; mais, à coup sûr, on fera disparaître une source certaine d'altération pour la santé des ouvriers, et vous jugerez, sans doute, Messieurs, que cette considération peut bien avoir son prix.

Les essences peuvent encore donner de très-beaux vernis, si

---

(1) **Un mélange d'essence de térébenthine et d'essence minérale peut facilement se reconnaître au moyen de l'acide nitrique du commerce qui fait en peu de temps noircir complétement l'essence falsifiée.**

l'on y dissout, non pas les résines, qui sont la base des vernis ordinaires à l'alcool, mais de l'asphalte que l'alcool ne dissout pas, et qui, dans certains cas, peut parfaitement remplacer les substances résineuses. Elles peuvent être utilement employées à la *naphtalisisation* ou surcarburation du gaz de l'éclairage et, depuis quelques années déjà, les lanternes de Londres sont alimentées par du gaz ainsi surcarburé dont le pouvoir éclairant est notablement supérieur à celui du gaz pur. Des expériences photométriques ont établi qu'avec 23 milligrammes seulement d'essence pour 10 litres de gaz, on obtient une augmentation de 60 p. 0/0 dans le pouvoir éclairant. C'est, d'ailleurs, Messieurs, un résultat qu'il nous est facile d'apprécier directement en comparant les intensités lumineuses de ces deux flammes, dont l'une est fournie par le gaz tel que l'usine le distribue, et dont l'autre est donnée par le même gaz, qui a préalablement traversé une couche d'essence minérale disposée au fond d'un flacon à deux tubulures.

On avait objecté qu'une telle pratique créerait de nombreux dangers; que des dépôts abondants se formeraient dans les tuyaux et entraîneraient à de grands frais de nettoyage, etc., l'expérience a prouvé l'inexactitude de ces assertions et l'inanité de ces craintes. Il était facile de prévoir, en effet, que sous l'action rapide et ventilante du courant d'alimentation, les vapeurs d'hydrocarbures légers, si volatils et si analogues par leur composition avec les hydrocarbures gazeux qui forment la base du gaz de l'éclairage, resteraient à l'état de mélange intime, tout au moins, avec le gaz, et cela même aux plus basses températures. D'ailleurs, ceux-là même qui semblent le plus opposés à la surcarburation ne se font pas faute aujourd'hui d'employer les vapeurs de naphte pour extraire, de l'intérieur des conduites, les obstructions de goudron, de naphtaline, et autres composés solides, que le gaz y dépose à la longue. Des rapports d'expertises, faites par des ingénieurs de chemins de fer, par des inspecteurs de l'éclairage au gaz, ont constaté qu'après deux mois de naphtalisation, de vieux conduits en plomb, presqu'entièrement obstrués, avaient été complétement nettoyés et rendus à l'intérieur, aussi brillants que du plomb neuf recouvert d'une légère couche de vernis.

Enfin, Messieurs, les essences minérales ont trouvé, l'année dernière même, une application importante qui en a, en très-peu de temps, fait élever considérablement la consommation et le prix. Vous avez tous nommé les lampes Miile, ou lampes sans liquide, dont la vogue va toujours croissant, et qui ont fait abandonner les lampes à pétrole, à tel point qu'on ne trouve plus maintenant chez les lampistes que des essences minérales. Je reviendrai tout-à-l'heure sur ces lampes, et j'exposerai en détail les précautions qu'elles exigent et les conditions nécessaires à leur fonctionnement régulier.

Les huiles légères qui forment comme la transition entre les groupes dits des séries légères et ceux des huiles lampantes, sont moins abondantes dans les huiles brutes que les essences. Elles sont assez difficiles à séparer, parce qu'elles passent en partie avec les essences, et que le reste se confond ordinairement avec les liquides de la série lampante. Elles ne sont encore l'objet d'aucun commerce, mais par une distillation bien conduite, on arrivera certainement à les isoler pour en faire un groupe spécial.

Elles pèsent de 750 à 790 grammes par litre, bouillent entre 130 et 180 degrés et ne s'enflamment jamais au-dessous de 35 degrés au contact d'un corps en ignition. Dans une petite capsule de porcelaine, je verse quelques centimètres cubes d'huile légère à la température de la salle, c'est-à-dire à 25 degrés environ, j'en approche impunément une allumette enflammée. Au moyen d'une petite lampe à alcool, je chauffe doucement cette huile et quand le thermomètre qui y plonge marque 35 degrés, je retire la lampe et recommence l'expérience de l'allumette, l'huile prend feu aussitôt.

Il n'est pas douteux que quand on le voudra, on trouvera aux huiles légères des usages industriels parfaitement définis. Par exemple, elles pourront, dans les climats chauds, remplacer les essences, et dans les pays froids, remplacer les huiles lampantes, au moins pour l'éclairage extérieur. La peinture les utilisera aussi sans doute, et des mains habiles, en les associant avec des matières capables de leur donner un peu de consistance, en feront tôt ou tard d'excellents enduits préservateurs pour le bois et pour les métaux. Jusqu'à présent, les huiles légères ne semblent guère avoir servi qu'à des sophistications que je devrai vous faire connaître, mais sur lesquelles j'insisterai le moins possible afin de n'en pas vulgariser l'emploi.

Les huiles lampantes, dont le nom indique assez l'usage, ont été, jusqu'à ces derniers temps, et méritent encore d'être, malgré la concurrence que leur font les essences minérales, considérées comme les plus importants des produits de la distillation des substances naturelles hydrocarbonées. Ce sont elles qui servent seules à l'alimentation des lampes à huile de pétrole, à huile de schiste, et elles sont loin de mériter le discrédit dans lequel elles sont tombées par suite des inconvénients de toute sorte qu'a présentés leur emploi dans de mauvaises conditions.

Les huiles lampantes sont les plus abondantes de toutes les séries; elles ne sont jamais aussi limpides ni aussi transparentes que les éthers et les esprits; elles doivent être cependant claires et incolores. Elles pèsent de 795 à 815 grammes par litre; elles n'entrent en ébullition qu'à des températures comprises entre 200 et 240 degrés et ne s'enflamment au contact d'un corps en ignition que si elles sont à la température de 55 degrés au moins. Dans cette capsule est de l'huile lampante qui ne prend pas feu à l'approche de l'allumette; je la chauffe jusqu'à 35 degrés, comme l'huile légère de tout à l'heure, elle reste inerte. Je chauffe encore jusqu'à 45 degrés, même résultat négatif à l'approche de l'allumette : ce ne sera que lorsque la température aura été portée à 60 degrés, que l'inflammation de l'huile se produira. Ainsi, Messieurs, vous le voyez, la véritable huile lampante, qu'elle soit de l'huile de pétrole ou toute autre huile minérale, n'est pas le moins du monde fulminante, elle n'est même pas inflammable dans le sens ordinaire du mot : elle ne présente donc aucun des inconvénients qu'on lui attribue généralement,

pas même celui de répandre en brûlant une mauvaise odeur.
Mais il faut pour cela que l'huile soit bien pure, et nous verrons
tout à l'heure à quels caractères on reconnaît la pureté d'une
huile.

.La seule remarque importante à faire au sujet des huiles lampantes est qu'elles ne possèdent pas toutes le même pouvoir
éclairant, c'est-à-dire qu'il faut brûler plus des unes que des
autres pour obtenir une égale quantité de lumière. Sous ce
rapport, les huiles de schiste et de boghead-coal sont supé-
rieures à celles de pétrole ; ainsi, en achetant, par exemple, au
même prix, sous le même volume, de l'huile de pétrole et de
l'huile de schiste, on paie la première plus cher que la seconde,
au point de vue du pouvoir éclairant. Ainsi s'explique la faveur
dont jouissent en Angleterre et en Amérique les huiles de
charbon, malgré l'odeur plus forte qu'elles répandent.

Les huiles lourdes, dont l'apparition annonce la fin prochaine
de la distillation, conservent presque toujours, même après rec-
tification, une teinte jaunâtre ; elles pèsent de 825 à 900 gr. par
litre ; n'entrent en ébullition qu'à 250 ou 280 degrés, et ne s'enflamment qu'à la température de 75° au moins.

Elles sont fournies surtout par les goudrons de houille des
usines à gaz et autres résidus analogues. Les schistes et les
pétroles en donnent moins, et les pétroles du Canada en contiennent plus que ceux des Etats-Unis.

Ces huiles sont en général riches en *paraffine,* dont quelques-
unes donnent jusqu'à 10 p. 0/0. Or, vous savez, Messieurs, que
la paraffine est la matière avec laquelle on fabrique ces belles
bougies transparentes diversement colorées qui commencent à
se répandre dans le commerce. On peut considérer comme le
type des pétroles à huiles riches en paraffine, l'huile minérale
de Rangoon, et ainsi se trouve expliqué l'usage qu'on fait de
cette dernière dans les fabriques de bougies de Londres et de
Liverpool. Cette seule application pourrait suffire pour ouvrir
aux huiles lourdes un débouché facile, d'autant plus que le prix
encore élevé des bougies de paraffine assure au distillateur un

prix de vente suffisamment rémunérateur; mais il est hors de doute que ces huiles seront employées à l'éclairage, comme les huiles lampantes, dans les contrées chaudes telles que l'Italie et l'Espagne. De plus, l'industrie des savons qui, malgré ses immenses progrès, n'a pas encore dit son dernier mot, utilisera certainement la partie la plus grasse de ces huiles lourdes pour en faire des produits économiques, sinon de premier choix. Enfin, ces huiles, par leur décomposition, peuvent servir à la fabrication, à bas prix, d'un magnifique gaz d'éclairage ou au chauffage des machines à vapeur, comme je vous l'indiquerai dans quelques instants. Jusqu'à présent, elles n'avaient guère servi qu'à faire des mélanges dangereux, sur lesquels j'appellerai votre attention en vous donnant les moyens de les reconnaître.

Les huiles lubréfiantes, qui tirent leur nom de leur emploi principal, sont toujours jaunes; elles se séparent difficilement des huiles lourdes qui les précèdent et des huiles mortes qui représentent le résidu dernier, incapable de distiller sans décomposition. Leur caractère principal est leur grande densité; elles pèsent de 900 à 1,100 gr. par litre; ne distillent qu'entre 300 et 400 degrés, et ne s'enflamment qu'à une température très-élevée. Elles sont en général peu abondantes, et les séries qui les composent peu nombreuses.

Beaucoup de fabricants qui emploient leurs huiles mortes à la fabrication de la graisse noire, ne poussent pas la distillation jusqu'à leur sortie; cependant, quelques-unes d'entre elles sont très-riches en paraffine, et alors il y a évidemment avantage à les extraire. Mais leur rendement sous ce rapport est fort variable; ainsi, indépendamment des particularités d'origine ou de mode d'extraction, il peut arriver que deux opérations, conduites de la même manière, sur le même produit brut, donnent deux résultats différents.

Ces huiles pourront être employées soit à la saponification, soit à la fabrication du gaz d'éclairage ou au chauffage des machines. Pour le moment, elles servent, en Angleterre et en

Amérique, comme *huiles à graisser*, et on les mélange pour cet usage avec de l'huile de palme. Mais cette mixture, qui augmente le prix de la graisse, est loin de produire de bons effets.

Telles sont les diverses séries d'huiles distinctes qu'une distillation convenablement conduite peut extraire de toutes les huiles minérales brutes. Une dernière remarque importante est qu'il ne suffit pas de séparer les divers groupes fournis par une même substance ; il faut se garder de mêler les groupes du même nom fournis par des substances différentes, par exemple, ceux du pétrole avec ceux des boghead-coal ; ceux du schiste avec ceux du bitume ou de la tourbe. Ces groupes, en effet, quoique de même densité, je suppose, ne sont pas exactement de la même volatilité, et leur mélange ne donnerait point un produit suffisamment homogène.

IV.

Avant d'entrer, Messieurs, dans la description pratique des divers appareils au moyen desquels on utilise les propriétés éclairantes et calorifiques des huiles minérales, je crois qu'il ne sera pas inutile que nous étudiions sommairement la *flamme* et les conditions qui la rendent chaude ou éclairante.

La flamme, quelle que soit son origine, *est* toujours *un gaz ou une vapeur portés à l'incandescence.*

Tout le monde sait qu'un corps quelconque, suffisamment chauffé, peut devenir incandescent, c'est-à-dire lumineux ; tel est, par exemple, un boulet de fer porté au rouge dans un feu de forge et qui en en sortant possède un éclat éblouissant ; mais le fer étant un corps fixe, même à la température élevée qu'il possède, est simplement lumineux (tant que le rayonnement ne l'a pas refroidi assez) ; il ne donne point de flamme. Au contraire, le magnésium, le zinc chauffés au contact de l'air se vaporisent, et tout en brûlant, comme le fer lui-même, ils donnent une flamme.

La plupart des flammes, éclairantes ou non, sont produites par des corps éminemment volatils, comme le phosphore, le soufre, l'alcool, ou par des corps naturellement gazeux, comme l'hydrogène, l'oxyde de carbone, le gaz de l'éclairage. — Les corps gras solides, les huiles, auxquels nous empruntons la lumière qui nous éclaire dans nos appartements, sont-ils donc des corps volatils, puisqu'ils brûlent avec flamme ? Non, mais chauffés, ils se décomposent et donnent des corps gazeux qui produisent la flamme. C'est ce qu'il est facile de prouver.

D'abord, les corps gras solides, suifs, cire, stéarine, paraffine, ne brûlent qu'après avoir fondu dans le voisinage de la mèche et c'est le liquide provenant de leur fusion, liquide analogue aux huiles, qui, s'élevant dans celle-ci, en vertu de l'action capillaire, brûle en se décomposant. Il nous suffira donc de prouver que l'huile, quand elle brûle, donne naissance à des gaz et que ces gaz sont combustibles.

Un flacon muni inférieurement d'un orifice à robinet et plein d'eau, porte à sa partie supérieure un tube recourbé et effilé que je plonge par son extrémité dans la flamme un peu fumeuse d'une lampe à émailleur. J'ouvre le robinet pour permettre l'écoulement de l'eau ; il se fait alors une aspiration qui amène dans le flacon la substance qui produit la flamme, ce dont on s'assure en remarquant que celle-ci faiblit. Si l'eau s'écoule avec assez de lenteur pour ne pas occasionner de trouble dans la flamme par une aspiration trop forte ; si le bec effilé plonge bien dans la partie centrale et obscure, on constate facilement, en transvasant dans une éprouvette, sur la cuve à eau, le contenu du flacon, que c'est un gaz combustible. Cet ingénieux appareil, devenu aujourd'hui classique, « parle plus clairement aux yeux d'un auditoire, ainsi que le dit son inventeur lui-même, M. Nicklès, que toutes les paroles ou toutes les théories. » Appliqué à toutes les flammes, il donne le même résultat, c'est-à-dire qu'il prouve que celles-ci ne sont que des vapeurs ou des gaz portés à l'incandescence.

Mais il s'en faut, vous le savez, Messieurs, que toutes les flammes soient également éclairantes ; l'alcool en brûlant ne

nous éclaire pas comme le gaz ou la bougie ; et l'hydrogène pur
de la lampe philosophique des chimistes donne une flamme à
peine visible dans l'obscurité. A quoi tient donc l'éclat d'une
flamme? A la présence, au milieu de la vapeur ou du gaz
incandescent, d'un corps solide résultant de la combustion
de la vapeur, comme dans la flamme du zinc ou du phosphore,
ou de la décomposition du gaz comme dans la flamme du gaz ou
de la bougie, ou enfin artificiellement interposé, comme dans la
flamme du chalumeau oxy-hydrique, ou dans l'éclairage de
MM. Tessié du Motay et Maréchal. Voyez cette flamme pâle de
l'hydrogène pur que vous distinguez à peine : j'y introduis une
spirale de platine ou un petit cylindre de craie et, à l'instant
même elle devient ébouissante au point qu'elle pourrait, dans
des conditions convenables, nous remplacer le soleil pour
l'étude de certains phénomènes!

Dans les flammes ordinaires du gaz ou des lampes, ce corps
solide interposé dans le produit gazeux incandescent est du
charbon provenant d'une combustion incomplète de la vapeur
dans la partie inférieure de la flamme : et il suffit, pour se con-
vaincre de la présence de ce charbon, de couper la flamme à la
hauteur de la partie obscure avec un corps froid : vous voyez se
former un abondant dépôt de noir de fumée. D'ailleurs, qu'une
chandelle soit mal mouchée, que le verre d'une lampe soit mal
établi, qu'en un mot la combustion des gaz soit incomplète et la
flamme devient fumeuse, c'est-à-dire qu'elle répand dans l'air
une énorme quantité de charbon très-divisé, qui ne tarde pas à
manifester sa présence par son action sur les voies respira-
toires.

Plus une vapeur ou un gaz seront riches en charbon, plus la
flamme qu'ils donneront sera éclairante, si la combustion est
complète, fumeuse, si l'oxygène n'arrive pas en quantité suffisante pour brûler tout ce charbon. C'est ce que vous montre
clairement l'expérience suivante. Dans ces trois soucoupes sont
trois liquides de composition semblable mais non identique : de
l'alcool, de l'éther, de l'essence de térébenthine ; le premier
contient 52 p. 0/0 de son poids de charbon, il brûle avec une

flamme très-peu éclairante ; le second en contient 65 p. 0/0, sa flamme est déjà très-blanche et très-éclairante ; le troisième en contient 88 p. 0/0, il donne une flamme fumeuse.

Or, Messieurs, les huiles minérales se rapprochent, par leur composition, de l'essence de térébenthine, de la benzine, c'est-à-dire que ce sont des corps riches en carbone, aussi, brûlent-elles avec une flamme très-éclairante et même fumeuse si un tirage actif ne force pas la combustion d'être complète, surtout pour les huiles des dernières séries. Aussi peut-on, à leur aide, vous l'avez vu, augmenter le pouvoir éclairant du gaz de l'éclairage un peu moins riche qu'elles en carbone ; aussi, peut-on rendre très-éclairant l'hydrogène ordinaire en le forçant à passer comme je le fais ici, avant de l'enflammer, à travers une couche de naphte ou d'essence minérale, ou simplement en versant quelques centimètres cubes de ce liquide dans le flacon même où le gaz prend naissance. Aussi, vous expliquez-vous l'usage qu'on n'a cessé de faire des huiles minérales, comme source d'éclairage soit privé, soit public, soit à l'intérieur, soit à l'extérieur, suivant que leur richesse en charbon ou leur degré de volatilité les rendait moins ou plus fumeuses.

Enfin, les flammes ne sont pas seulement éclairantes, elles sont encore chaudes et comme telles employées au chauffage ; c'est ainsi que depuis quelque temps le gaz de la houille commence à remplacer avantageusement le charbon comme source de chaleur ; que l'alcool est utilisé dans maintes circonstances comme combustible, même pour les usages domestiques. Or, la flamme la plus chaude est celle de l'hydrogène pur : cette petite flamme, si peu éclairante, fond avec la plus grande facilité, le cuivre, l'or, le fer ; le platine seul résiste à son action. Plus une substance est riche en hydrogène, plus elle dégage de chaleur en brûlant. Comme les huiles minérales sont des hydrocarbures, elles devront donner, en brûlant, de grandes quantités de chaleur, et c'est ce qui arrive : aussi, vous expliquez-vous les tentatives qui ont été faites pour les appliquer en grand au chauffage, et l'importance qu'il y aurait à pouvoir les substituer en partie, pour cet usage, à la houille, dont certains statisticiens nous font prévoir l'épuisement possible dans un avenir relativement prochain.

Je devrais peut-être maintenant, Messieurs, comparer, au point de vue économique, l'éclairage et le chauffage au moyen des huiles minérales à l'éclairage et au chauffage au moyen des combustibles ordinaires. Mais vous comprendrez que sur ce chapitre, je pourrais rencontrer trop de contradicteurs, même en traitant la question pour notre département ou notre ville seulement. Les prix de revient comparatifs sont difficiles à établir pour de petites consommations; et, d'ailleurs, il ne suffirait pas de comparer ce que durent des poids égaux, ou des quantités équivalentes des différentes substances; il faudrait tenir compte des intensités des effets obtenus, et c'est là surtout que la tâche deviendrait difficile. De plus, les prix des combustibles ordinaires ont, depuis longtemps, atteint une valeur moyenne parfaitement établie, tandis que les huiles minérales en sont encore à subir des fluctuations fort étendues selon leur origine, leur degré de pureté, et les exigences du public dont la faveur n'a pu encore se fixer sur tel ou tel groupe d'une manière définitive et suffisamment raisonnée. Cependant, je dirai en résumé que, sous la réserve des précautions nécessaires, ceux qui emploient les huiles minérales, au lieu des corps gras solides ou liquides de qualité inférieure, y trouvent lumière plus belle, propreté plus grande, et tout au plus égalité de dépense.

V.

Si j'ai été bien compris dans l'étude que je viens de faire des huiles minérales, il me sera facile, Messieurs, de vous expliquer les conditions de leur emploi et les précautions qu'exige leur maniement. Cependant, avant d'entrer dans le détail descriptif des divers appareils à l'aide desquels on utilise leur pouvoir éclairant et calorifique, je résumerai les caractères essentiels que doit présenter une bonne huile marchande et les moyens pratiques qui permettront à chacun de s'assurer de la qualité du liquide qu'on lui a vendu ou qu'il se propose d'employer.

Les huiles brutes, quelle qu'en soit l'origine, renferment des quantités variables de substances bitumineuses qui ne sont point volatiles ni décomposables dans les lampes ordinaires, et qui dès lors, subissant une combustion incomplète, ne peuvent brûler qu'en répandant une odeur forte et en dégageant une fumée incommode. Il ne faudra donc employer pour l'éclairage que des huiles débarrassées par la distillation de ces produits qui restent dans les huiles mortes. Mais les huiles distillées, offrent, quand les groupes n'ont pas été nettement séparés, des causes de danger que l'expérience d'accidents nombreux a appris à éviter, et l'on sait aujourd'hui que les seules huiles réellement propres à l'éclairage, sont les essences pour les lampes sans liquide et les huiles lampantes pour les lampes ordinaires. Ce seront donc surtout ces deux groupes dont je m'occuperai ici, et dont je vous dirai les avantages, les inconvénients et les caractères facilement appréciables.

Les huiles lampantes et *les essences doivent être,* pour mériter la confiance du public, *incolores,* ou seulement très-légèrement teintées, et *inodores,* au moins en brûlant.

Les huiles rectifiées par deux distillations sont ordinairement incolores; mais elles peuvent se colorer ultérieurement soit par un séjour prolongé dans des fûts de bois, soit par leur oxydation au contact de l'air. L'œil suffit pour juger de la couleur d'une huile ou d'une essence; et, comme la matière colorante, qui provient du bois, n'est pas combustible, elle ne peut qu'empâter la mèche et rendre la flamme fumeuse; *on doit donc rejeter une huile colorée.*

L'odeur peut provenir de corps étrangers tenus en suspension ou dissous dans l'huile : s'ils brûlent, ces corps donnent des produits qui impressionnent désagréablement l'odorat et irritent souvent le cerveau; s'ils ne brûlent pas, parce qu'ils sont trop lourds ou pas assez volatils, ils se concentrent dans la partie non brûlée de l'huile et forment ainsi au fond du récipient, qu'on ne vide pas chaque fois, un résidu qui ne peut que devenir chaque jour plus infect; *on doit donc rejeter une huile qui n'est pas inodore en brûlant* ou qui répand, à l'état liquide, une odeur autre que l'odeur propre à l'essence; sous ce rapport, l'habitude a bientôt rendu chacun bon juge.

Indépendamment de ces deux caractères, que les sens suffisent à faire apprécier, on doit encore, pour prononcer avec certitude sur la qualité, la valeur et l'emploi possible d'une huile, examiner trois points de la plus haute importance, qui sont : *la densité, le point d'ignition* et *le point d'inflammation.*

La *densité* est le poids d'un litre du liquide; c'est un des caractères les plus importants, car elle est en quelque sorte l'indice, à elle seule, de l'usage auquel l'huile est propre: elle est pour ainsi dire, pour les huiles minérales, ce que la pierre de touche est pour les bijoux. Elle permet de pressentir leur volatilité, leur inflammabilité et partant le groupe dans lequel on doit les ranger.

Rien n'est plus simple que de déterminer la densité d'une huile minérale. On prend une mesure d'une contenance connue, soit un demi-litre; on la place sur le plateau d'une balance et on la tare; on la remplit ensuite du liquide à essayer et on ajoute, dans le plateau où est la tare, des poids marqués, jusqu'à ce que le fléau devienne horizontal. Supposons qu'il ait fallu mettre 362 gr., nous en concluons que l'huile essayée pèse 724 gr. par litre ou que sa densité est 0,724 en prenant le kilogr. pour unité de poids, comme nous prenons le litre pour unité de volume. Ce nombre étant compris entre ceux qui marquent les limites des densités des essences minérales, il est probable que notre huile est en effet une essence, et que comme telle, elle pourra être employée pour les lampes sans liquide. Supposons qu'un autre échantillon, présenté comme huile lampante, ait exigé 415 gr.; le litre d'huile essayée pèse 830 gr., cette huile a donc pour densité 0,830; nous en concluons immédiatement qu'elle n'appartient pas au groupe des huiles lampantes et qu'elle n'en peut avoir ni les qualités ni la valeur; nous la rejetterons donc sans qu'il soit nécessaire de pousser plus loin l'examen.

Nous rejetterons de même *toute essence* présentée comme telle, *qui ne pèserait pas plus de 700 gr. et moins de 745 gr. par litre.*

Cette méthode est la plus rigoureuse; mais elle est un peu lente, un peu minutieuse; elle suppose qu'on a sous la main un vase jaugé, une balance, des poids, etc. Aussi, préfère-t-on souvent se servir d'un *pèse-huile* ou densimètre, qui permet d'opérer plus rapidement et qui donne des résultats suffisamment exacts, pourvu que l'appareil soit bien construit. Le pèse-huile est semblable aux pèse-acides, aux pèse-vins, etc., que tout le monde connaît; il est seulement gradué de manière à indiquer les densités des huiles minérales dans lesquelles on le plonge : par exemple si l'instrument s'enfonce jusqu'à la division marquée 728 ou seulement 72, ou plus simplement encore 7, on en conclut que la densité de l'huile est 0,728 ou 0,720 ou enfin 0,700, et que par conséquent cette huile est très-probablement une essence. L'emploi du pèse-huile est commode; mais le plus souvent ces instruments, faits par des ouvriers en verre qui n'ont que des notions insuffisantes des sciences physiques, donnent des indications inexactes, et il est nécessaire avant de leur accorder toute confiance de les avoir vérifiés par des expériences de pesées directes.

Qu'on opère d'ailleurs au moyen de la balance ou au moyen du pèse-huile, il est nécessaire de tenir compte de la température à laquelle on fait l'essai. Tout le monde sait, en effet, que les corps augmentent de volume à mesure qu'on les chauffe, ce qui revient à dire qu'un même volume d'un corps pèse moins en réalité quand ce corps est chaud que quand il est froid. Il faut donc prendre la densité des huiles minérales à une température convenue, sous peine de s'exposer à des erreurs graves, même en opérant avec précision à l'aide d'instruments exacts. La température usuellement adoptée est celle de 15° centigrades au-dessus de zéro; il est toujours facile de ramener l'huile à cette température pour l'essayer; l'hiver, on la chauffe un peu ou on la laisse quelque temps dans un appartement chaud; l'été, on plonge dans l'eau fraîche le vase qui la contient. Toutefois, s'il s'agit d'éthers ou d'esprits on ne peut guère les peser qu'à une température voisine de celle de la glace fondante; car leur point d'ébullition peut être assez voisin de 15° pour qu'à cette température leur dilatation soit excessive.

Le *degré d'ignition* ou *d'inflammation* est la température à laquelle prend feu une huile minérale au moment de son contact instantané avec un corps enflammé : en général, plus le point d'ignition est bas, plus est facile et abondante la formation des vapeurs, plus est grand le danger d'incendie présenté par l'hydrocarbure.

Les éthers et les esprits prennent feu, même aux plus basses températures, c'est-à-dire que, même au-dessous de zéro, la simple approche d'une allumette en ignition suffit pour les enflammer sans que le contact ait été nécessaire. Aussi, ces liquides demandent-ils à être recueillis et manipulés avec les plus grandes précautions, et en l'absence de toute lumière artificielle et de tout corps en ignition.

Mais les groupes suivants sont de moins en moins volatils et inflammables, et c'est impunément qu'on peut à la température moyenne de 15 degrés, ou même à 25 degrés, comme dans cette salle, plonger, ainsi que je le fais, à trois ou quatre reprises, dans une huile lampante, par exemple, une allumette enflammée ou un rat; chaque fois le corps s'éteint sans que le liquide prenne feu.

Il n'en serait pas de même d'une essence qui prendrait feu du premier coup, à moins que la température ne soit inférieure à 5 degrés au-dessus de zéro.

Voici, du reste, les moyens qu'on doit employer dans la pratique pour déterminer le point d'ignition d'une huile.

Si la densité l'a fait soupçonner d'être une essence, ou si elle a été vendue comme telle, on en verse une petite quantité dans une capsule de porcelaine ou dans une soucoupe, et on en approche une allumette; l'huile doit prendre feu immédiatement.

Si l'huile est donnée comme lampante, ou si la densité l'a fait classer dans les cinquième, sixième ou septième groupes, elle doit supporter sans s'enflammer le contact de l'allumette. On place alors la capsule sur un trépied et on allume au-dessous une petite lampe à esprit de vin, dont la mèche ne doit pas être plus grosse que celle d'une veilleuse de nuit : on plonge un thermomètre dans l'huile de la capsule et on observe sa marche avec soin. Quand il est monté de 5 ou 10 degrés au plus, on retire la lampe, on agite le liquide avec le réservoir du thermomètre, pour que la chaleur se répartisse uniformément dans toute la masse, on enlève cet instrument et on plonge rapidement encore dans l'huile une allumette enflammée qui doit s'y éteindre. On recommence l'opération autant de fois qu'il est nécessaire, en élevant chaque fois la température de 5 degrés, jusqu'à ce qu'on arrive à voir l'huile s'enflammer instantanément au contact de la bougie. La température du liquide indiquée par le thermomètre dans la dernière tentative, est précisément le point d'ignition.

On éteint l'huile aussitôt, en soufflant dessus. Si le point d'ignition n'est pas compris dans les limites correspondantes à la densité de l'huile, si, par exemple, l'huile donnée pour lampante s'enflamme avant 55 degrés, c'est qu'elle est mélangée à des huiles légères dont les vapeurs s'élèvent et prennent feu à une plus basse température ; alors elle est dite inflammable et son emploi dans les lampes est dangereux. Si, au contraire, elle ne s'enflamme qu'à une température plus élevée que celle qui correspond aux huiles de la même densité que la sienne, c'est que la densité a été mal déterminée, ou que l'huile est d'une nature suspecte et demande un examen plus sérieux. Dans ce cas encore, elle doit être rejetée comme huile lampante.

Vous le voyez, Messieurs, la densité d'une huile est une présomption en faveur de sa qualité ; mais il faut tenir grand compte de son point d'ignition. Voici une huile qui pèse 805 grammes par litre, mais qui s'enflamme à la température ordinaire ; sa densité la donne comme huile lampante, son point d'ignition nous la ferait prendre pour une essence ou tout au moins pour une huile légère. Elle n'est ni l'une ni l'autre. Elle est un mélange dangereux et coupable, que certains fabricants ne craignent pas de livrer à la consommation pour réaliser de plus grands bénéfices.

A des huiles lourdes qui trouvent encore difficilement leur placement, ces fabricants peu soucieux de la santé et de la sécurité publiques, ajoutent des huiles légères ou des essences ; ou encore ils laissent les unes et les autres dans leurs huiles distillées : ils obtiennent ainsi un rendement en huile lampante plus abondant, le mélange de ces huiles, les unes plus lourdes, les autres moins lourdes que l'huile du sixième groupe, donnant aisément un liquide de même densité que celle-ci. Mais les consommateurs sont, par suite de ces sophistications, exposés aux plus graves périls, et sans aucun doute elles ont été cause, en majeure partie, de l'abandon que le public a fait des lampes à huiles de pétrole. En voulant trop gagner, les producteurs ont tari la source de leur gain ; le consommateur lassé, et effrayé des accidents causés par des huiles aussi dangereuses, a refusé de les employer : ce n'était que justice. Seulement, ainsi qu'il arrive trop souvent, la réaction a été trop loin et les bonnes huiles lampantes ont été, comme les mauvaises, victimes de la réprobation que méritaient seules ces dernières ! Il faut cependant être juste et ajouter que le public, par la préférence inintelligente qu'il accorde souvent à tout ce qu'on lui offre à vil prix, ne favorisait que trop la vente de ces produits dangereux !

Comme je ne veux pas, Messieurs, que les critiques sévères que je viens de formuler puissent, dans votre esprit, s'appliquer à aucun des commerçants qui, à Auxerre, livrent le pétrole aux consommateurs, je me hâte de vous dire que le mélange sur lequel j'ai voulu appeler votre attention a été fait par moi pour vous montrer comment on peut reconnaître la fraude. J'ai tenu, afin d'avoir mes coudées franches, à ne prendre ici aucun de mes produits : d'ailleurs j'aurais en vain cherché chez les lampistes de l'huile lampante bonne ou mauvaise. Ces huiles, qui méritaient pourtant un meilleur sort, et auxquelles on reviendra, il faut l'espérer, sont si bien abandonnées aujourd'hui qu'on n'en trouve plus nulle part. Elles ont fait place aux essences qui seules jouissent actuellement de la faveur du public et dont le **prix** s'est élevé dans une proportion telle que je doute qu'il y ait maintenant avantage pour le fabricant à les mélanger à des huiles lourdes, en vue d'en faire des huiles lampantes dont le placement est devenu plus difficile.

Le *point d'ébullition* est la température à laquelle une huile minérale bout sous la pression ordinaire : en général le point d'ébullition est en rapport avec le point d'inflammation, c'est-à-dire que plus est basse la température à laquelle un hydrocarbure s'enflamme, plus est basse aussi la température à laquelle il entre en ébullition. Le point d'ébullition n'a pas l'importance de la densité ou du point d'ignition ; à la rigueur ces deux derniers caractères suffisent pour connaître et classer une huile minérale : cependant il est bon de confirmer par le troisième caractère les indications fournies par les deux autres.

Pour déterminer le point d'ébullition, on remplit aux deux tiers ou à moitié du liquide à essayer, un petit ballon en verre de 100 à 125 grammes de capacité. On ajuste dans le col de ce ballon un bouchon traversé par la tige d'un thermomètre et dans l'épaisseur duquel on a pratiqué une rainure assez large pour laisser une libre sortie aux vapeurs. On chauffe ensuite lentement à la lampe à alcool jusqu'à ce que l'ébullition se manifeste: la température indiquée par le thermomètre à ce moment est précisément le point cherché. Comme les bulles de vapeur commencent toujours à se former un peu avant que le liquide ne soit en ébullition complète, il convient de ne pas indiquer trop rigoureusement la température et de dire, par exemple, telle essence bout entre 78 et 80 degrés, telle huile, entre 220 à 222 degrés etc. L'opération durera d'autant moins de temps qu'on aura à faire à un liquide d'une série moins élevée et même, si l'on soupçonne avoir un éther à essayer, il faudra bien se garder d'y appliquer le feu ; la chaleur de la main suffira pour en déterminer l'ébullition dans une fiole à paroi mince, puisque ces liquides bouillent au-dessous de 35 degrés centigrades.

En résumé donc, les huiles de pétrole ou de schiste proprement dites, ou huiles lampantes, n'offrent de dangers réels que lorsqu'elles ont été mal préparées. Si l'on a soin de n'employer que des liquides bouillant franchement au-dessus de 190 degrés, ne pesant pas moins de 800 grammes par litre, ne prenant pas feu avant 55 degrés, on reconnaîtra bientôt que l'usage de l'huile minérale pour les lampes est infiniment moins dangereux que celui de l'esprit-de-vin dont tout le monde se sert dans les ménages pour faire de l'eau chaude, pour préparer le thé et le café, etc. On doit d'ailleurs à MM. Urbain et Salleron un appareil très-simple et très-commode à l'aide duquel on détermine immédiatement par un seul essai si une huile minérale est un mélange d'essence et d'huile lourde. Cet appareil est fondé sur ce fait expérimental que pour des liquides émettant des vapeurs inflammables, le degré d'inflammabilité à une certaine température est proportionnel sensiblement à la tension des vapeurs qu'ils émettent à cette température. Une instruction et des tables qui accompagnent l'appareil en rendent l'usage extrêmement facile, et il est probable que bientôt on le trouvera aussi répandu que l'alambic du même constructeur pour la détermination de la richesse alcoolique des vins.

Si les véritables huiles lampantes sont aussi peu dangereuses que je viens de le dire, si, par exemple, une lampe qui en contient et qui est allumée peut être renversée sans que le liquide du réservoir s'enflamme ; il s'en faut qu'il en soit de même des essences à l'aide desquelles on alimente aujourd'hui les lampes sans liquide qui seules figurent actuellement dans les usages domestiques. Ces essences sont extrêmement volatiles, extrêmement inflammables, et elles seules sont cause des nombreux accidents qui surviennent dans les habitations entre les mains des particuliers. Le moyen de les éviter est pourtant bien simple : *ne jamais manier ou transvaser ces essences dans le voisinage d'un corps incandescent.* Ces essences en effet, malgré leur inflammabilité, sont bien plus faciles à contenir que le gaz de l'éclairage, par exemple : ce dernier est plus inflammable qu'elles, et pourtant personne ne songe à le supprimer ; bien plus, il est aujourd'hui introduit dans toutes les maisons, et l'on ne regrette de son emploi que le prix trop élevé qu'il coûte encore ! Cependant au début, il arriva également beaucoup d'accidents ; mais l'intervention de l'administration et les progrès que l'expérience fit faire à l'éducation publique finirent par calmer les appréhensions que le gaz avait fait naître, et aujourd'hui on ne s'étonne plus que de voir aussi rares les explosions qu'amène encore parfois l'imprudence de ceux qui les subissent. Il en sera de même, Messieurs, des huiles de pétrole et des huiles minérales en général ; lorsque leurs propriétés seront bien connues, lorsque la vulgarisation des procédés de contrôle aura rendu les fraudes impossibles, lorsqu'enfin l'attention publique aura été bien éveillée sur les causes qui amènent le plus ordinairement les accidents, ceux-ci deviendront de plus en plus rares et les hydrocarbures liquides seront aussi impunément employés que l'hydrocarbure gazeux qu'ils remplaceront dans bien des cas.

VI

Les accidents dont les publications périodiques nous apportent presque chaque jour le récit et dont la nomenclature pour notre seul département et notre ville même serait déjà malheureusement trop longue, ne sont pas dûs uniquement à l'inflammation des huiles hors des lampes et lors du maniement qu'on en fait : très-souvent il est arrivé que l'explosion de l'huile avait eu lieu dans la lampe elle-même. Aussi ai-je pensé qu'après avoir insisté sur les huiles elles-mêmes, je devais appeler aussi votre sérieuse attention, Messieurs, sur les appareils dans lesquels on les brûle. Jusqu'à présent les huiles minérales n'ont été employées que comme source d'éclairage ; ce sera donc des lampes (à pétrole, ou à schiste, ou à essence) que je vous entretiendrai dans cette nouvelle partie de mon étude.

Je vous y montrerai que les huiles lampantes non dangereuses par elles-mêmes, sont celles qui exigent les lampes les mieux conditionnées ; tandis qu'au contraire les essences, si inflammables, peuvent être, sans danger aucun, employées dans des lampes qui n'ont pas besoin d'être très-parfaites:

Les lampes à hydrocarbures minéraux peuvent se rattacher à trois genres distincts.

Les unes brûlent les huiles minérales à la façon des autres combustibles liquides : elles sont à liquide et à mèche ;

Les autres brûlent un mélange d'air et de vapeur d'hydro-carbure à la façon du gaz d'éclairage : elles n'ont pas de mèche ;

Les autres, enfin, brûlent les vapeurs seules des essences minérales : elles ont une mèche et pas de liquide.

1° Les *lampes à liquide* sont en général formées d'un réservoir inférieur ordinairement en verre ou en porcelaine, quelquefois en métal, contenant l'huile et dans lequel plonge une mèche plate ou cylindrique. La mèche sort par un orifice ou bec, avec ou sans crémaillère, et l'hydrocarbure dont elle s'imbibe vient brûler au sein d'un verre le plus souvent très-renflé.

Les huiles lampantes seules doivent être employées dans ces lampes, et si elles sont bien pures, si elles présentent bien les caractères que j'ai indiqués plus haut pour les liquides de cette série, elles brûlent sans odeur ni fumée, en donnant une très-belle lumière. Ces huiles ne sont pas fulminantes et leur maniement offre aussi peu de danger presque que celui des huiles végétales ; mais elles peuvent s'enflammer et exploser dans les lampes et cela par l'une des deux causes suivantes : ou la flamme s'introduit dans le récipient placé au-dessous de la mèche ; ou il se forme au-dessus de l'huile une atmosphère de vapeurs que leur accumulation comprime au point de faire éclater le vase, si elles ne trouvent pas d'issue pour s'échapper.

Plus la disposition du bec sera favorable à l'introduction de la flamme ou à l'accumulation des vapeurs, plus la lampe sera dangereuse. Au contraire, si le fourreau de la mèche et les courants d'air sont disposés de façon à rendre impossibles l'introduction de la flamme et l'accumulation des vapeurs dans le récipient d'huile, aucune inflammation intérieure ne peut avoir lieu, aucune explosion n'est à craindre. C'est donc un point capital que de savoir distinguer la lampe qui offre le plus de sécurité dans son emploi; et comme, malgré l'abandon où sont laissées aujourd'hui les lampes à huiles minérales, il est à présumer qu'elles rentreront dans les usages domestiques, je crois qu'il est bon d'indiquer ici quelles sont pour ces lampes les meilleures conditions de combustion extérieure et d'inexplosibilité.

Il faut que la lampe soit autant que possible à niveau constant, que la gaîne de la mèche soit percée de trous, qu'elle ne descende pas assez bas pour toucher à l'huile, la mèche seule devant plonger dans le liquide. Si le niveau est constant, il ne se produit pas dans le réservoir d'espace libre dans lequel les vapeurs puissent s'accumuler à mesure que la quantité d'huile diminue: si la gaîne est percée de trous, ces vapeurs, à mesure qu'elles se produisent, peuvent aisément trouver une issue à travers les pores de la mèche, elles viennent même alimenter la flamme et augmenter son éclat; enfin si la gaîne ne descend pas jusqu'au liquide, il y a moins à craindre que la chaleur du bec ne se communique à l'huile par conductibilité et que par conséquent l'inflammation intérieure ne se produise. Aussi serait-il préférable que les gaines fussent en porcelaine ou en verre, et non plus en cuivre, comme on les fait ordinairement pour la facilité du travail.

La capillarité des mèches étant la seule cause qui fait monter l'huile dans ces mèches, on est obligé de ne pas laisser un trop grand intervalle entre le bec et l'huile, sous peine de voir la lampe donner de moins en moins de lumière à mesure que s'épuisera la provision du liquide, et que le niveau descendra de plus en plus au-dessous du foyer d'ignition. Aussi la meilleure forme de réservoir est-elle la forme aplatie qui permet toujours de tenir le liquide à proximité du bec, en même temps que la différence de niveau résultant de la consommation est rendue moins sensible. Mais cette proximité du bec et de l'huile présente elle-même un inconvénient: lorsque la lampe est pleine, le liquide combustible, soumis de trop près à l'action de la chaleur, devient plus léger, plus volatil, afflue avec plus d'abondance vers le sommet de la mèche : la lampe éclaire mieux, mais elle a des tendances à fumer. Joignez à cela que si par malheur vous avez à faire à une huile falsifiée ou mal épurée, non privée des parties spiritueuses, vous avez de grandes chances pour que cet échauffement rapide amène la volatilisation de ces dernières et par suite l'explosion. Il y a donc un juste milieu à observer dans la longueur du col du récipient : la distance moyenne entre la flamme et le niveau de l'huile doit être de 7 à 8 centimètres pour les huiles lampantes de densité voisine de 0,800.

Dans la construction du bec, toutes les pièces doivent être ajustées et rivées sans soudure, car celle-ci fondant presque toujours dans les moments où l'huile tire à sa fin, désorganise la lampe et crée un véritable danger d'explosion par sa chute à l'état de fusion, dans l'intérieur du réservoir.

Les lampes à récipient en verre, en cristal, en porcelaine, sont préférables à celles de cuivre quoique plus fragiles ; d'abord elles sont moins susceptibles de communiquer la chaleur de la flamme au liquide intérieur qui, il ne faut pas l'oublier, est d'autant plus inflammable, quelles que soient sa nature et sa densité, et partant d'autant plus explosible en vase clos, que sa température est plus élevée : de plus ces réservoirs transparents permettent à chaque instant de juger du niveau de l'huile et de s'assurer qu'il ne reste pas un trop grand espace pour l'accumulation des vapeurs.

Enfin il est bon de mettre toujours dans la lampe plus d'huile que l'on n'en peut brûler en une seule fois afin qu'elle ne puisse pas être vide pendant qu'elle fonctionne ; par conséquent il convient de remplir la lampe chaque fois qu'on veut l'allumer.

Si l'on s'aperçoit que l'huile est sur le point de manquer, il faut éteindre la lampe et la laisser refroidir avant de l'ouvrir pour la remplir : si cependant on veut introduire l'huile dans la lampe éteinte avant son complet refroidissement, ce qui peut se faire avec les bonnes huiles lampantes, il faut avoir soin de tenir à quelque distance la lumière avec laquelle on s'éclaire pour procéder à cette opération.

Quand la lampe est construite d'après ces principes, elle permet d'y brûler des huiles de pétrole, de schiste, etc., sans plus de danger que si on l'alimentait avec des huiles de colza ou autres, et c'est ainsi que la science, en étudiant les propriétés des huiles minérales, et l'art, en perfectionnant la forme et la disposition des appareils, ont accompli, en se prêtant un mutuel secours, des progrès incontestables, qui ont servi, Messieurs, les intérêts du public et du commerce. C'est ainsi qu'en suivant l'une et l'autre leur voie naturelle, la science et l'art ont permis à la masse intelligente de la population de jouir en toute sécurité des avantages économiques de l'éclairage minéral. La spéculation seule a détruit, mais non sans espoir de retour, ces résultats merveilleux!

Mais, vous demanderez-vous, peut-être, comment se fait-il que les huiles lampantes si peu inflammables par elles-mêmes, prennent si facilement feu dans la lampe? Cette question, vous avez dû vous la poser, non-seulement à propos des huiles minérales, mais encore à propos des huiles végétales dont l'inflammabilité n'est pas plus grande, et qui s'allument cependant dans nos lampes ordinaires par le simple contact d'une allumette enflammée. — La réponse est bien facile : ces huiles en masse compacte sont peu inflammables parce qu'elles émettent peu de vapeurs; mais quand elles sont divisées, quand elles offrent une large surface, quand elles imbibent des tissus de lin, de coton ou de laine, leur inflammabilité est singulièrement exaltée et elles peuvent prendre feu avec la plus grande facilité.

Voici d'ailleurs la preuve expérimentale de cette vérité : je verse sur une feuille de papier ou sur un morceau de toile, quelques gouttes de cette huile lampante qui tout à l'heure a supporté à plusieurs reprises et à des températures croissantes le contact d'un corps enflammé; j'approche de cette surface huileuse une allumette et le feu prend.

Il est enfin, Messieurs, un dernier perfectionnement grâce auquel, sans échauffer l'huile dans la lampe, on est cependant arrivé à favoriser la vaporisation du liquide et par conséquent à obtenir à la fois plus de chaleur et plus de lumière. Vous avez compris que je veux vous parler de cette petite *capsule* ou *olive hémisphérique* fendue en amande qui recouvre la mèche dans les *lampes américaines.* La chaleur de cette capsule prépare à la combustion l'huile amenée dans la mèche par la capillarité : cette huile vaporisée et poussée dans l'ouverture étroite, s'enflamme au-dessous de la capsule et brûle au-dessus d'elle, d'où vient l'excès de chaleur sans danger d'explosion. Mais qu'il s'en faut, Messieurs, que toutes les capsules soient également parfaites, et que de fois il est arrivé qu'une modification inintelligente dans la forme ou les dimensions a rendu vicieuse une lampe que le lampiste voulait perfectionner! Si la capsule est trop mince, elle ne réchauffe pas assez le foyer de combustion : si elle est trop basse, la flamme ne peut pénétrer au-dessous d'elle pour vaporiser le liquide à l'extrémité de la mèche ; si son ouverture est trop courte, la flamme ne peut s'épanouir en éventail, si les trous de la galerie qui porte le verre sont trop grands ou trop nombreux, la flamme fume et sent mauvais ; si l'air n'arrive pas en quantité suffisante, l'huile ne brûle pas à blanc, la lampe n'éclaire pas bien, etc., etc. Il n'est pas jusqu'à la forme du verre qui n'ait été modifiée : tout le monde connaît ces verres renflés à la base qui ont pour but de mieux concentrer la chaleur sur le foyer ; mais ces verres ne conviennent guère aux lampes à mèche plate. Les parois intérieures ne se trouvant pas à égale distance de la mèche, ne se dilatent pas uniformément dans toutes leurs parties et se brisent souvent, ce qui n'arrive pas avec les mèches rondes des lampes ordinaires. Aussi serait-il préférable de se servir des verres inventés en France il y a quelques années et qui sont aplatis au point de renflement.

Les huiles lampantes ne peuvent point être brûlées sans verre, ou alors elles fument et sentent mauvais, ce qui les exclut des intérieurs : il n'en est pas de même des huiles légères dont je vais maintenant vous indiquer les modes divers de combustion. Je renonce, en effet, à entrer dans le détail des modèles variés qu'ont proposés, pour l'éclairage des villes, des ateliers, des phares, etc., MM. Boîtal, dont le système, la *lampe simili-gaz,* a éclairé avec un plein succès pendant plus d'un an la nouvelle rue de Rennes à Paris ; Maris, dont la *lampe à mèche circulaire d'Argant* a été adoptée par l'administration des phares pour l'entretien des feux de troisième ordre ; Donny et Maris dont la lampe brûle complétement et sans fumée toute espèce d'huiles lourdes même celles qui n'ont point été épurées, et peut être employée avec une réelle économie au soudage à l'étain !!!

2° Le *gazo-lampe Mille* est le premier appareil dans lequel on ait fait passer sans le secours du feu et sans mécanisme l'air atmosphérique à l'état de gaz inflammable propre à la fois au chauffage et à l'éclairage. Ce gazo-lampe utilise les essences et les esprits minéraux, c'est-à-dire les parties légères dont les huiles brutes doivent être dépouillées pour qu'on puisse les brûler dans les lampes à mèche et à liquide ; il fonctionne sans mèche et sans liquide, ou tout au moins sans liquide libre. Il peut être tantôt mobile, tantôt fixe.

Le gazo-lampe mobile ou portatif se compose essentiellement de deux récipients concentriques ; l'un, extérieur, en zinc, fer blanc ou cuivre, même en verre, muni d'une ouverture supérieure d'un petit diamètre, l'autre, intérieur, en toile de fer ou de cuivre. Le récipient intérieur est rempli d'éponge, de morceaux de coke ou de toute autre substance poreuse non tassée, il est séparé du récipient extérieur par une mince couche d'air. J'ai construit ici un gazo-lampe très-simple en remplissant de fragments de coke un flacon de verre muni de deux tubulures, l'une supérieure, l'autre inférieure et latérale. On verse de l'essence minérale par l'ouverture supérieure, de manière à en imbiber sans excès le corps poreux et l'appareil est prêt à fonctionner.

L'air atmosphérique par sa simple pression entre par l'ouverture dans le récipient intérieur, le lèche sur sa surface, se charge au contact du corps poreux de vapeurs d'hydrocarbure, se transforme en gaz plus lourd que l'air, descend au fond du récipient, sort par l'orifice inférieur et suit un tube de caoutchouc ou de métal qui le conduit à un bec de verre ou de cuivre où il s'enflamme au contact d'une allumette et brûle, comme vous le voyez, Messieurs, avec une flamme très-dense et très-éclairante. Rien ne serait plus facile que de trasformer en gazo-lampes les anciens

quinquets à réservoir d'huile plus élevé que le bec, il suffirait
de remplacer le vase intérieur qui contient l'huile par un récipient en toile de fer à mailles larges, rempli d'éponge, et d'y
laisser entrer, par une ouverture ménagée à dessein, l'air am-
biant qui, en léchant le corps spongieux imbibé d'essence, se
transformerait immédiatement en gaz pouvant brûler comme le
gaz de la houille, sans mèche, et dans un bec quelconque.

Quoique le gazo-lampe soit alimenté par des huiles légères
extrèmement inflammables et dont le maniement exige les précautions que j'ai dites plus haut, il est lui-même parfaitement
inoffensif et ne présente ni chance d'incendie, ni cause d'explosion. En effet, l'essence ou l'esprit même n'y étant plus à l'état
liquide ne peut se répandre et prendre feu : de plus le récipient
étant presque complétement rempli par le corps poreux, renferme trop peu d'air dans ses espaces libres pour qu'il y ait à
craindre un mélange détonant. Mais le gazo-lampe n'est pas par-
fait, Messieurs ; comme il contient en général peu d'essence,
l'air, au bout d'un temps assez court, se charge de moins en
moins de vapeurs et la flamme baisse. Il se serait sûrement per-
fectionné, si pour une cause que nous verrons tout à l'heure,
son emploi n'avait pas été abandonné, au moment même où il
naissait.

Le gazo-lampe fixe est fondé sur le même principe que le gazo-
lampe mobile : sa forme et sa dimension sont différentes et assez
variables suivant les cas ; je ne vous fatiguerai pas par la description de ces appareils que je ne puis vous montrer. Je vous
dirai seulement que les réservoirs sont ordinairement placés dans
les étages supérieurs de la maison, qu'un système de tuyaux
amène le gaz aux divers points où on veut l'utiliser, et que grâce
à cette pression due à la différence des niveaux, on obtient un
jet plus fort et partant une lumière plus belle. Dans cet appareil, point de soufflet, point de ventilateur, point de gazomètre ;
un simple réservoir qu'on alimente d'essence chaque matin et
de l'air atmosphérique qui se chargeant de vapeurs hydrocar-
burées vient brûler dans les becs, sans fumée, sans odeur, sans
dépôt le long des conduits.

Le gazo-lampe ne sera pas seulement utilisé pour l'éclairage et le chauffage des appartements, des serres, des usines; il sera sans doute appelé à fournir le gaz inflammable qui alimente le moteur Lenoir, cette source si précieuse de puissance mécanique. Ce moteur, en effet, ne peut fonctionner jusqu'à présent qu'avec un mélange de gaz de houille et d'air; donc il ne peut pénétrer dans les petites villes et dans les campagnes où il est impossible de songer à établir une usine à gaz. Avec les gazo-lampes, on trouvera donc, à la fois, lumière, chaleur, force, et tout cela à son gré; chacun étant en possession du générateur de son gaz, on n'aura plus à compter avec personne.

On fait des gazo-lampes, chez MM. Leplay et Noël, qui peuvent fournir le gaz nécessaire à l'alimentation de 10, 15, 20, 50, 100 becs et plus à la fois. Il est donc possible d'éclairer, dans des conditions parfaites de simplicité, de propreté, d'économie, de régularité, d'indépendance et de sécurité, des usines, des églises, des châteaux, des colléges, des théâtres, etc. La seule précaution à prendre sera de ne pas aller le soir remplir le réservoir, et de l'établir à 5 ou 6 mètres de hauteur afin que le gaz arrive toujours aux becs avec assez de force.

Le gazo-lampe fixe a, Messieurs, un dernier avantage que je me garderai bien de passer sous silence : c'est le plus sain de tous les modes d'éclairage et de chauffage, car il amène du dehors l'air nécessaire et suffisant à la combustion des vapeurs minérales, tandis que le gaz ordinaire et les autres combustibles puisent toujours dans l'appartement même l'oxygène dont ils ont besoin pour brûler.

Il est vrai qu'on ne peut l'alimenter qu'avec des essences dont la densité est inférieure à 0,700, et qui sont des plus inflammables. C'est là une cause possible d'accidents, non par l'appareil lui-même, mais par le maniement des liquides. Faut-il pour cela en refuser l'emploi? Non, Messieurs, il ne faut que prendre quelques précautions de plus. Et d'ailleurs, vous savez que déjà l'emploi des essences minérales est entré dans les habitudes publiques.

3º Les *lampes sans liquide* ou *lampes à gaz Mille* sont, en effet, de simples modifications du gazo-lampe. Dans le gazo-lampe mobile, la flamme s'élance par le bas, ce qui sort des habitudes reçues depuis l'invention des lampes carcel et des lampes régulateur. Peut-être aurait-on pu obtenir la flamme supérieure au moyen d'un mécanisme placé dans le pied de l'appareil et déterminant un courant d'air ascendant qui se serait chargé de vapeurs minérales en traversant l'éponge et aurait pu brûler en haut comme un bec de gaz; mais les constructeurs ont renoncé à cette complication. Ils ont repris la mèche ordinaire, ils l'ont mise en contact, par son extrémité inférieure, avec l'éponge imbibée de pétrole; ils ont engagé l'extrémité supérieure dans un petit tube de cuivre avec ou sans crémaillère pour l'abaisser et l'élever suivant le besoin, et ils ont reconnu que, chargé de vapeurs au contact de la mèche seule, l'air se changeait en gaz combustible et brûlait à l'orifice du tube en donnant une belle lumière. Assurément, ce n'est pas la flamme blanche, éblouissante, excessivement chaude de la lampe à liquide; c'est bien au contraire la flamme gazeuse, jaune, relativement froide du gazolampe. Ce qui brûle, ce qui éclaire, c'est encore l'air carburé auquel l'enveloppe intérieure en toile métallique ménage toujours un libre accès. Tout le monde connait ces lampes sans liquide, qui s'alimentent avec des essences pesant de 700 à 720 gr. par litre et qui offrent de si précieux avantages sur les modes d'éclairage jusqu'alors usités dans les classes les moins aisées de la société. Aussi, me dispenserai-je de vous dire, Messieurs, comment on charge la lampe à gaz Mille, comment on l'allume, comment on modère à son gré l'intensité et la durée de la flamme en élevant ou abaissant le tube qui entoure la gaîne par laquelle sort la mèche; comment on l'éteint; les précautions à prendre pour que la mèche dure presqu'indéfiniment; la multitude de formes, de dimensions, de prix, que MM. Leplay et Noël lui ont donnés pour réaliser tous les éclairages possibles, pour satisfaire à tous les besoins imaginables : lampes de luxe, de ménage, d'appartement, de cuisine, de voiture, de mine, etc., bougies, briquets, etc.

Je me contenterai de vous rapporter en quels termes le

Moniteur universel du soir faisait connaître, l'année dernière, cette précieuse découverte du pauvre ouvrier mineur :

« Imaginez-vous une lampe qui paraît brûler sans liquide, que l'on peut pencher, renverser même tout-à-fait, sans avoir à craindre de répandre son contenu. Elle n'est sujette à aucune explosion, et donne une lumière plus belle et plus éclairante que les huiles les mieux purifiées ; sa durée est de quatre à seize heures, suivant l'intensité de lumière que l'on veut obtenir. Cette lampe s'allume instantanément comme une flamme électrique ; elle fonctionne à volonté avec ou sans verre ; elle brûle même, dans ce dernier cas, sans odeur ni fumée ; elle s'éteint sans peine ; elle ne dépense pas plus d'un centime par heure en donnant une lumière équivalente à deux bougies.

« Tout cela peut paraître invraisemblable, et cependant rien n'est plus vrai. Il y a plus encore, la mèche de la lampe à gaz ne brûle pas, et, ne brûlant pas, elle dure indéfiniment. Son rôle est purement passif : elle sert uniquement à conduire la matière combustible. Au moyen d'une disposition particulière du récipient, la lampe pourrait même brûler sans mèche, comme cela a lieu pour les grands appareils d'éclairage que M. Mille veut substituer à ceux qui fonctionnent avec le gaz ordinaire. (*Vous reconnaissez, Messieurs, le gazo-lampe.*)

« Nous n'en avons pas fini avec ce petit appareil si utile. Le liquide avec lequel on le charge, au lieu de tacher, peut servir à enlever sur toute étoffe les taches de corps gras, de peinture, etc., mieux que ne le feraient les benzines.

« Ce système de lampe, inventé par un simple ouvrier, repose sur le principe de la volatilisation des huiles essentielles minérales. Pour offrir plus de surface à la volatilisation, l'inventeur a eu l'ingénieuse idée de garnir l'intérieur de ses lampes avec des morceaux d'éponge. On emplit le récipient de liquide, on en fait écouler tout ce que l'éponge n'a pas bu, on replace le bec et on peut allumer aussitôt. C'est d'une simplicité extrême.

« Ce système a été appliqué à toutes les espèces de lampes, depuis la lampe de cuisine jusqu'à celle de salon ; mais, ouvrier lui-même, ce que M. Mille a cherché et obtenu avant tout, c'est de mettre ses lampes à la portée des ouvriers. Nous avons vu des lampes à 1 franc fort propres et très-présentables. »

Le nombre des modèles dépasse déjà le nombre cent. Il y en a à bec plat avec crémaillère, à bec plat avec crémaillère et courant d'air, à bec simple et mèche ronde, à bec simple avec tube régulateur, à bec papillon, à bec à jets de gaz donnant la lumière de cinq à six bougies, à bec rond donnant, sans mécanisme aucun, la lumière d'un bec de gaz, etc. La seule condition, pour que ces lampes fonctionnent, est de les alimenter chaque matin d'essence minérale; la seule précaution, je ne saurais trop le répéter, est de ne pas opérer le remplissage à la lumière d'une bougie ou d'une flamme quelconque ni dans le voisinage d'un corps incandescent.

VII.

Je vous avais promis, Messieurs, de traiter en détail l'application des huiles minérales de toute provenance et de toute qualité à l'éclairage public et privé; je pense que j'ai rempli ma tâche. Mais il s'en faut, je vous l'ai montré chemin faisant, que cette application soit la seule qu'elles puissent recevoir.

Ces huiles, en effet, suivant qu'elles sont légères ou lourdes, peuvent — dissoudre les corps gras, les résines, le caoutchouc; — fournir de la benzine, et par suite l'aniline et toutes ces magnifiques couleurs dont la teinture a fait depuis quelques années une si heureuse application, et qui ont fait des goudrons de houille, jadis sans emploi, une substance industrielle de premier ordre; — remplacer en peinture l'essence de térébenthine et l'alcool pour la confection des vernis; — augmenter le pouvoir éclairant du gaz à la houille; — être transformées elles-mêmes en gaz d'éclairage; — fournir de la paraffine pour la fabrication des bougies de luxe; — servir en médecine, comme anesthésique et pour la guérison des plaies et des maladies de peau : des essais heureux leur ont fait reconnaître, en effet, une action des plus salutaires sur les blessures en état de suppuration; elles adoucissent les souffrances et hâtent la formation des chairs nouvelles; elles éloignent les mouches et empêchent la vermine (ce qui explique leur efficacité dans le traitement de la gale); — servir en horticulture pour détruire les larves du hanneton, les courtillières, les limaces ; il suffit pour cela d'arroser les plantes infestées par ces animaux avec de l'eau contenant quelque peu de pétrole brut : — servir enfin dans les habitations pour débarrasser les fourneaux et les murs crevassés, des cafards ; et les animaux domestiques, des insectes parasites qui les incommodent ; il suffit de quelques injections d'eau pétrolisée (60 gr. par litre) ou de quelques frictions pour faire disparaître sans retour de nos maisons tous ces hôtes incommodes, etc.

Les huiles minérales, surtout celles de goudron, fournissent encore de l'*acide phénique*, ce puissant antiseptique dont l'emploi ne saurait être trop recommandé, puis par dérivation de l'acide *picrique* ou *carbazotique* ou *trinitro-phénique*, qui donne en teinture de si beaux tons jaunes et que notre compatriote, M. Gustave Designolle a si heureusement appliqué à la fabrication d'une poudre nouvelle pour les armes à feu. Je sortirais, Messieurs, de mon sujet en vous parlant de la composition et du mode de combustion de ces poudres qui sont encore aujourd'hui l'objet d'études suivies dont des voix plus autorisées ont rendu compte ailleurs (1) ; mais je ne puis résister au désir de vous montrer un échantillon des produits de notre collègue, applicables à des usages plus pacifiques et destinés à révolutionner peut-être l'art de la pyrotechnie. — Uni à la potasse, l'acide carbazotique donne un produit explosif, le carbazotate de potasse, base de la nouvelle poudre : vous voyez avec quelle facilité ce composé prend feu par le simple contact avec une allumette qui ne présente qu'un point en ignition ! — Uni à l'ammoniaque, ce même acide donne le carbazotate d'ammoniaque, composé non explosif, brûlant lentement, et sans dépôt de charbon. C'est ce carbazotate d'ammoniaque que M. Designolle a eu l'heureuse idée d'associer aux divers sels qui forment la base des couleurs des feux de Bengale et il a pu ainsi créer de *nouvelles flammes colorées*, bien préférables aux anciennes par leur éclat et surtout par l'absence de fumée qui les caractérise. En voici, Messieurs, de vertes, de rouges et de jaunes : je les dois à l'obligeance de

(1) Voir la 22e livr. des *Merveilles de la Science*, par **M. L. Figuier.**

l'inventeur à qui je les ai demandées à votre intention, pensant bien que vous ne me sauriez pas mauvais gré de vous faire connaitre cette application intéressante des produits dérivés des huiles minérales.

J'ai hâte de terminer cette étude déjà longue, et pourtant, Messieurs, je dois encore vous parler d'une dernière application des huiles de pétrole ou de houille ; je dois vous dire quelques mots des essais tentés pour réaliser à l'aide de ces combustibles le chauffage des chaudières des machines à vapeur.

Dès 1864, des expériences faites en Amérique avaient montré qu'avec 450 litres de pétrole on pouvait obtenir autant de chaleur qu'en brûlant 1,000 kilogr. de houille ; que le feu s'éteignait plus vite et que l'espace épargné par l'emmagasinage du nouveau combustible permettait d'espérer sur les navires marchands une augmentation notable de recettes.

A l'Exposition universelle de 1867, un appareil ingénieux de M. Paul Audouin attira l'attention de l'Empereur. Frappé des progrès réalisés par cet ingénieur dans l'emploi des huiles minérales pour le chauffage économique des machines à vapeur, Sa Majesté chargea immédiatement M. Sainte-Claire Deville d'étudier aux frais de la cassette impériale, ces combustibles liquides, de déterminer l'application qu'on en peut faire pour la production de la vapeur dans les chaudières, et de faire connaître, en s'aidant des travaux déjà exécutés en Angleterre et en Amérique, les dispositions les plus avantageuses à adopter pour réaliser économiquement et sans danger l'usage des huiles minérales dans l'industrie et surtout dans l'industrie des transports.

M. Sainte-Claire Deville n'a encore communiqué à l'Académie des Sciences que la première partie de son immense travail et l'un des résultats les plus curieux qu'il y mentionne est que ce nouveau mode de chauffage pourra être réglé automatiquement, c'est-à-dire sans l'intervention de l'action de l'homme, une fois l'appareil mis en train (1).

(1) Voir une note additionnelle à la dernière page.

De plus, cette étude, toute physique pour ainsi dire, a fourni des nombres qui peuvent avoir une grande utilité dans la pratique pour le transport et l'emmagasinage des hydrocarbures liquides.

Parmi ces nombres figurent les coefficients de dilatation : ce sont des nombres qui indiquent l'augmentation de volume qu'éprouvent les diverses huiles essayées, sous l'influence de l'élévation de la température. Ils donnent aux expéditeurs ou aux ingénieurs la mesure de l'espace minimum qu'il convient de laisser au-dessus des liquides dans les vases qui les renferment pour éviter toute chance d'explosion correspondant à une augmentation prévue de température. Je ferai connaître ici un ou deux des résultats auxquels on arrive en se basant sur les données de M. Sainte-Claire Deville.

Pour le pétrole de Pensylvanie, le plus employé dans les fabriques d'huile d'éclairage, dont la densité à 0° est 0,816, le coefficient de dilatation est 0,00084 : les formules de la physique permettent de calculer qu'une tourie qui renfermerait 50 litres de cette huile à 0° et qui passerait de la température de la glace fondante à celle de 50°, devrait présenter une capacité de 52 litres au moins pour permettre la dilatation libre du liquide, sans compter l'espace nécessaire pour loger la vapeur qui ne manquerait pas de se produire. — L'huile de Bechellbronn (Bas-Rhin) est dix fois plus dilatable que le pétrole de Pensylvanie : dans les mêmes conditions, 50 litres de cette huile acquerraient un volume de 69 litres ; dilatation énorme qui montre bien la nécesssité d'en tenir compte dans l'emmagasinage ! Peut-être faut-il attribuer en partie à l'ignorance de ces effets de la chaleur sur les huiles minérales, les accidents fréquents qu'on signale dans les entrepôts et dans les ports !

VIII

Quoiqu'il en soit, les hydrocarbures liquides présentent un dernier danger, non dans leur maniement, mais dans leur mode de conservation en grand : ces liquides sont doués d'une fluidité extrême, ils pénètrent le bois, et passent à travers : aussi faut-il nécessairement vernir les vases qui les renferment, s'ils ne sont pas métalliques et partant imperméables, avec des matières insolubles dans ces huiles, telles que gomme, dextrine, gélatine, albumine. En Amérique (d'après une communication faite récemment à l'Académie des Sciences) on commence à se servir avec succès dans ce but, du mélange de gélatine et de mélasse qui est employé depuis longtemps pour faire les rouleaux d'imprimerie. Un enduit de ce mélange, placé à l'intérieur des vases, même les moins étanches, les rend imperméables à l'huile de pétrole.

Les accidents qui proviennent de cette source sont les plus à redouter à cause de la grande quantité de liquide qui peut prendre feu dans le magasin même ou l'entrepôt, et aussi à cause du grand pouvoir diffusif des vapeurs qui s'exhalent ainsi par les pores des vases en bois. Je ne veux point, Messieurs, vous fatiguer, ni vous épouvanter par la description des nombreux sinistres qui proviennent de cette évaporation ou de cette diffusion des huiles minérales renfermées dans des vases mal étanchés ou non imperméables : je veux seulement vous montrer, par une expérience concluante, que le mélange d'air et de vapeur minérale est aussi détonnant sinon plus que celui d'air et de gaz d'éclairage. Dans cette fiole est de l'air ordinaire : j'y introduis quelques gouttes d'essence de pétrole et j'y mets le feu, après avoir pris la précaution d'entourer le verre d'un linge mouillé : une explosion violente se produit et le flacon est réduit en poudre ; vous jugez par là, de ce qui peut arriver quand l'inflammation a lieu sur des masses considérables de vapeurs.

Je dois cependant vous rappeler sommairement l'accident qui le 5 mai dernier à Clamecy, a causé la mort d'un jeune homme et brisé dans plusieurs maisons non-seulement des vitres mais des objets d'une grande solidité. Un tonneau d'huile avait une fuite, les vapeurs combustibles s'étaient répandues dans la cave et avaient gagné par leur pouvoir diffusif une cave voisine : deux enfants laissent tomber une bille dans cette dernière et vont la chercher avec une chandelle allumée : une explosion violente a lieu aussitôt et la voûte s'effondre ensevelissant sous ses décombres une malheureuse victime. Ainsi, Messieurs, ce n'est pas dans le lieu même du dépôt que l'inflammation s'est produite, et vous voyez quelle terrible conséquence a eue cette fuite d'huile !

Les dépôts de ces substances dont le voisinage est si dangereux ne sont-ils donc soumis à aucune règle et l'Administration n'a-t-elle pris aucune précaution pour prévenir de si redoutables malheurs ? — Vous ne le croyez pas, Messieurs, et la circulaire que je vous ai lue en commençant a précisément pour but de rappeler qu'un réglement déjà ancien, mais malheureusement oublié ou mal exécuté, a sagement prévu toutes les causes d'accidents. Ce réglement peu connu, malgré la publicité qu'il a reçue par les soins de l'autorité municipale à l'époque de sa promulgation, je crois qu'il ne sera pas inutile de le reproduire ici dans ses parties essentielles :

Le décret du 18 avril 1866 partage en deux catégories les huiles minérales de toute provenance : 1° les huiles inflammables, comprenant tous les hydrocarbures qui prennent feu au-dessous de 35° par le contact d'un corps en ignition; 2° les huiles non inflammables, comprenant tous les autres.

Les dépôts de substances appartenant à la première catégorie sont rangés dans la première classe des établissements insalubres ou dangereux s'ils contiennent, même temporairement, plus de 1,050 litres de liquide; ils sont dans la deuxième classe s'ils contiennent plus de 150 litres et moins de 1,050 litres.

Les dépôts de substances appartenant à la deuxième catégorie sont rangés dans la première classe des établissements insalubres et dangereux s'ils contiennent 10,500 litres ou plus de liquide; ils sont de la deuxième classe lorsqu'ils en renferment plus de 1,050 et moins de 10,500.

Les dépôts pour la vente au détail, qui peuvent être établis sans autorisation préalable, mais cependant avec obligation de déclaration au préfet, ne doivent pas renfermer plus de 150 litres de substances inflammables, ni plus de 1,050 litres de substances dites non inflammables.

Art. 5. Les dépôts pour la vente au détail de substances de la première catégorie en quantité supérieure à 5 litres et n'excédant pas 150 litres, et les dépôts de substances de la deuxième catégorie en quantité supérieure à 60 litres et n'excédant pas 1,050 litres, sont assujettis aux conditions générales suivantes :

1° Le local du dépôt ne pourra être qu'une pièce au rez-de-chaussée ou une cave ; il sera dallé en pierres posées et rejointoyées en mortier de chaux et sable ou ciment ;

2° Les portes de communication avec les autres parties de la maison et avec la voie publique seront garnies de seuils en pierre saillant d'un décimètre au moins sur le sol dallé, de manière à retenir les liquides qui viendraient à se répandre ;

3° Si le dépôt est établi dans une cave, celle-ci devra être bien éclairée par la lumière du jour, convenablement ventilée et sans aucune communication avec les caves voisines, dont elle sera séparée par des murs pleins, en maçonnerie solide, de 30 centimètres au moins d'épaisseur ;

4° Si le local du dépôt est au rez-de-chaussée, il ne pourra être surmonté d'étages ; il sera largement ventilé et éclairé par la lumière du jour. Les murs seront en bonne maçonnerie, et la toiture sera sur supports en fer ;

5° Dans tous les cas, ce local sera d'un accès facile et ne devra être en communication avec aucune pièce servant à l'emmagasinage du bois ou autres matières combustibles ;

6° Les liquides seront conservés soit dans des vases en métal munis d'un couvercle, soit dans des fûts solides et parfaitement étanches, cerclés en fer, dont la capacité ne dépassera pas 150 litres, soit dans des touries en verre ou en grès, revêtues d'une enveloppe en tresse de paille, osier ou autres matières de nature à mettre le vase à l'abri de la casse par le choc accidentel d'un corps dur : la capacité de ces touries ne dépassera pas 60 litres et elles seront très-soigneusement bouchées ;

7° Les vases servant au débit courant seront fermés et munis de robinets ;

8° Le transvasement ou dépotage des liquides en approvisionnement ne se fera qu'à la clarté du jour, et autant que possible au moyen d'une pompe ;

9° Dans la soirée, le local sera éclairé par une ou plusieurs lanternes fixées au mur, en des points éloignés des vases contenant les liquides inflammables et particuliérement de ceux qui serviront au débit courant ;

10° Il est interdit d'y allumer du feu, d'y fumer et d'y garder des fûts vides, des planches ou toutes autres matières combustibles ;

11° Une quantité de sable ou de terre, proportionnée à l'importance du dépôt, sera conservée dans le local pour servir à éteindre un commencement d'incendie, s'il venait à se déclarer ;

12° Le propriétaire du dépôt devra toujours avoir à sa disposition une ou plusieurs lampes de sûreté garnies et en bon état, dont on se servirait au besoin pour visiter les parties du local, que les lanternes fixées au mur n'éclaireraient pas suffisamment. Il est expressément interdit de circuler dans le local avec des lumières portatives découvertes, qui ne seraient pas de sûreté et pourraient communiquer le feu à un mélange d'air et de vapeurs inflammables.

Les marchands en détail, dont l'approvisionnement est limité à 5 litres de substances de la première catégorie ou à 60 litres de substances de la seconde catégorie, seront tenus d'observer les mesures de précaution qui, dans chaque cas, leur seront indiquées et prescrites par l'autorité municipale.

Art. 6. Les dépôts qui ne satisferaient point aux conditions prescrites ci-dessus ou qui cesseraient d'y satisfaire seront fermés, sur l'injonction de l'autorité administrative, sans préjudice des peines encourues pour contraventions aux réglements de police.

Ne pensez-vous pas, Messieurs, que tous les accidents seraient évités si les débitants se conformaient scrupuleusement à ces conditions? Ne vous semble-t-il pas même que quelques-unes des mesures prescrites vont au-delà de ce qu'exige la simple prudence? Et le Comité consultatif des arts et manufactures n'avait-il pas raison de répondre au Ministre que le décret de 1866 était suffisant!

Cependant, les sinistres se multiplient, et il est à craindre que cet été, l'élévation de la température favorisant la vaporisation des huiles minérales, leur nombre ne s'accroisse encore! Aussi, ne saurais-je trop recommander (d'après le bulletin de l'*Association scientifique de France*), au grand et au petit commerce, le réservoir inventé par M. Ckiandi, de Marseille, pour l'emmagasinage et le débit des hydrocarbures liquides. Ce réservoir, que j'ai pu voir fonctionner à l'Observatoire de Paris, dans une de nos séances de l'Association, et dont j'avais espéré pouvoir vous présenter un modèle réduit, consiste en une cloche en tôle renfermant l'huile et logée dans une enceinte en maçonnerie imperméable à l'eau et dont la profondeur dépasse un peu la hauteur de la cloche. Celle-ci est entièrement semblable à une cloche de gazomètre, avec cette différence qu'elle est fixe. On y introduit ou on en retire l'huile par le simple jeu des différences de pression exercée entre elle et l'eau. L'appareil peut être aisément modifié de manière à ce qu'étant établi dans une cave, il permette le débit à un rez-de-chaussée, par l'ouverture ou la fermeture d'un robinet ordinaire. Des expériences en grand ont été faites pour essayer jusqu'à quel point le réservoir Ckiandi peut soustraire les dépôts d'huile minérale à tout danger d'incendie, je vous citerai les résultats concluants de deux seulement de ces expériences.

On a versé dans la rigole où le pétrole sortant des fûts est reçu pour pénétrer dans le réservoir, au moyen d'un tube, 300 litres de pétrole et on l'a enflammé, le réservoir ayant été rempli au préalable. Les flammes couvrant plusieurs mètres carrés de terrain s'élevaient à une très-grande hauteur : l'enduit en ciment du mur latéral éclatait et rien ne se passait dans l'appareil. On a fait plus, et tandis que cet ardent foyer était en pleine ignition, on a ouvert le tube servant à l'introduction de l'huile dans le réservoir : le pétrole enflammé y pénétrait, mais à 20 centimètres de l'entrée, la flamme s'éteignait faute d'air. Les réservoirs qui ont servi à ces expériences peuvent contenir plus de 900,000 litres de liquide inflammable.

Il paraît toutefois, Messieurs, que si les particuliers peuvent se soustraire au danger en prenant seulement les précautions que j'ai indiquées suffisamment; si les dépôts en terre ferme peuvent être préservés de l'incendie par l'observation des prescriptions du décret ou l'adoption du réservoir Ckiandi; il n'en est pas malheureusement de même des dépôts qui constituent les chargements des navires, car vous avez tous présents à la mémoire les détails des désastres survenus récemment encore dans les ports d'Anvers et du Havre. Aussi, le conseil d'Etat vient-il d'être saisi par M. le ministre de l'agriculture, du commerce et des travaux publics de l'examen d'un projet de loi relatif au transport par eau des marchandises dangereuses, et d'un réglement d'administration publique, déterminant la forme, la matière des emballages et la nature des signes à y apposer.

Mais, Messieurs, des réglements plus sévères seront-ils plus efficaces ? Et est-ce bien de l'observation des prescriptions, toujours sages assurément, mais rarement connues et plus rarement suivies de l'autorité supérieure, qu'il faut attendre la disparition des causes de danger ? L'expérience nous permet malheureusement d'en douter : car, vous l'avez vu, les réglements actuels pour les dépôts ; l'instruction du conseil d'hygiène publique et de salubrité du département de la Seine, pour les applications par les particuliers ; les avis réitérés des journaux, chaque fois qu'ils rapportent un sinistre causé par les huiles minérales, suffiraient certainement à empêcher tous ces malheurs, tous ces désastres ! Et il n'y a pas de jour pour ainsi dire, qui ne soit signalé par un accident plus ou moins grave dû à l'emploi de ces liquides facilement inflammables !

Faut-il donc, en présence de cette inefficacité de mesures préventives si sagement et si savamment combinées, exclure, comme le voudraient certaines personnes craintives ou mal renseignées, de la consommation domestique et même des usages publics, les huiles minérales, causes de tant de malheurs ? Mais, Messieurs, on n'arrête pas un torrent ! Et depuis longtemps déjà, les hydrocarbures liquides, dont la production s'accroît chaque jour dans des proportions incalculables, s'imposent au commerce et à l'industrie et ont acquis une valeur intrinsèque considérable qui ne permet pas de songer à les refouler dans le néant.

Que faut-il donc faire ? Il faut attendre qu'avec le temps l'éducation des masses se soit faite sur ces liquides comme elle s'est faite sur le gaz de l'éclairage ! Il faut espérer que ni la science ni l'art n'ont encore dit leur dernier mot sur ce sujet et que, de leurs efforts réunis, sortiront d'ici peu de nouveaux perfectionnements qui éloigneront mieux encore les dangers ! Il faut surtout vulgariser, et le plus tôt possible, la connaissance des propriétés des huiles minérales et signaler d'une manière précise les conditions dans lesquelles leur emploi doit être renfermé ! Or, c'est là, Messieurs, le but unique que s'est proposé l'Administration en demandant des conférences spéciales. Dans une réunion comme celle-ci, un public nombreux peut voir et entendre, retenir mieux par conséquent qu'en lisant à la hâte un article de journal qui d'ailleurs passe souvent inaperçu.

Ce but que, plus que personne, j'avais dû saisir, a-t-il été atteint? Pouvons-nous croire que désormais nous n'entendrons plus parler, à Auxerre, d'accidents causés par les huiles minérales? Je le souhaite, Messieurs, je l'espère même! Si je n'ai pu, en répondant au vœu de l'Administration, que contribuer à en éviter quelques-uns, je m'estimerai encore heureux, et j'en conclurai, c'est là, Messieurs, toute mon ambition, que le long et laborieux travail auquel je me suis livré aura été réellement utile à mes concitoyens!

NOTE ADDITIONNELLE.

Après la communication de M. Sainte-Claire Deville, dont j'ai parlé plus haut, un membre de l'Académie s'était élevé avec force contre l'emploi des huiles minérales comme combustible pour le chauffage des machines à vapeur et surtout de celles qui servent de propulseur aux navires qui font de longues traversées :

L'éther aussi a été employé non comme combustible, mais comme agent de la force motrice, c'est-à-dire dans des conditions bien moins défavorables. Or, malgré la perfection inusitée des appareils et les avantages considérables qu'elle en obtenait, la marine, à la suite de la perte corps et biens de plusieurs navires, a été obligée d'y renoncer. Que l'on considére donc les masses d'huiles nécessaires pour l'alimentation des foyers et les conditions spéciales dans lesquelles on les emploie, et on restera terrifié des malheurs effroyables dont elles ont déjà été et dont elles seront encore, quoiqu'on fasse, la cause inévitable !

Or, le *Moniteur* du 25 juin dernier rendait compte d'une expérience faite sur le yacht *le Puebla*, dont la Famille impériale se sert pour ses promenades sur la Seine : la réussite a été complète.

S'inspirant de l'appareil déjà essayé à terre par M. Paul Audouin, MM. Dupuy de Lôme et Sainte-Claire Deville ont imaginé un système de grilles qui peut se substituer facilement aux grilles ordinaires d'une machine à vapeur quelconque, et qui, dans la machine du *Puebla*, ne consommait en huile que les 0,66 de ce qu'il aurait fallu de houille pour produire le même effet.

Hâtons-nous de dire, lisons-nous dans le *Moniteur*, que l'huile minérale employée pour cet essai n'est point de ces huiles légères de pétrole qui se réduisent en vapeur à de trop basses températures pour que leur emploi au chauffage d'une machine dans un navire puisse avoir lieu sans des dangers impossibles à conjurer.

L'huile employée à bord du *Puebla*, le 8 juin, était de l'huile lourde de la Compagnie parisienne du gaz, dont la densité à 0° est 1,044.

Il est des pétroles naturels peu volatils, dont l'application au chauffage des machines serait tout aussi facile; mais pour les employer comme cela s'est pratiqué sur le *Puebla*, il en faudrait faire un choix tout spécial.

On peut donc dire que dès maintenant le problème du chauffage des chaudières par les huiles minérales a reçu chez nous sa solution complète.

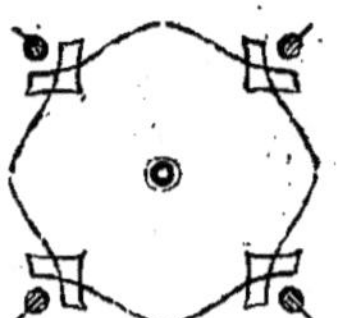

9 782329 682457